实验室建设手册

佘协桂　龙朴香　唐方洪　编著

U0283231

中国建筑工业出版社

图书在版编目（CIP）数据

实验室建设手册 / 佘协桂，龙朴香，唐方洪编著 . —北京：中国建筑工业出版社，2017.6（2024.12重印）

ISBN 978-7-112-20744-2

Ⅰ . ①实… Ⅱ . ①佘…②龙…③唐… Ⅲ . ①实验室－建筑设计－手册 Ⅳ . ① TU244.5-62

中国版本图书馆 CIP 数据核字（2017）第 098940 号

责任编辑：黄 翊 焦 扬
责任设计：王国羽
责任校对：王宇枢 李美娜

实 验 室 建 设 手 册

佘协桂 龙朴香 唐方洪 编著

*

中国建筑工业出版社出版、发行（北京海淀三里河路 9 号）
各地新华书店、建筑书店经销
北京佳捷真科技发展有限公司制版
建工社（河北）印刷有限公司印刷

*

开本：787×1092 毫米 1/16 印张：12¼ 字数：301 千字
2017 年 12 月第一版 2024 年 12 月第三次印刷
定价：48.00 元
ISBN 978-7-112-20744-2
（30386）

序

实验室是科学研究不可或缺的条件，是人才培养的摇篮，是保障质量安全的重要手段，是国家创新发展和实现中华民族伟大复兴中国梦的重要基础设施。

实验室建设是一项复杂的系统工程，不仅涉及实验室规划、设计、施工、装修、安装、调试、验收，包括供电、给水、排水、通信、网络、采暖、通风、废弃物处理系统、安全、消防等方面，而且不同实验室因所开展的检测项目不同，实验室建设的具体要求也差异很大。

虽然我国现有实验室数量众多，种类各异，从事实验室建设的企业也不少，但我国实验室建设的理论和实践都有待提升，特别是在如何规划实验室，如何有效设计实验室，如何建设符合法规、标准和认证认可要求的实验室等方面还缺少专门的指南性专著。在学校教育中，专门针对实验室的规划设计专业几乎是空白，而实验室的规划设计是实验室建设的第一个环节，这个环节的成功与否直接决定着实验室是否安全、规范。

《实验室建设手册》是一本系统总结实验室建设经验的专著。第一章着重阐述了实验室规划的准备工作，以理化综合实验室为例详细讲解了各功能间布局及其要求，介绍了实验室相关各专业的施工图纸及编制施工图时应注意的问题。第二章着重介绍了实验室装修施工的有关情况，将实验室装修分成隔墙及主体结构工程、地面工程、吊顶天棚工程、实验室公用工程安装、实验室家具及设施设备安装工程、其他工程等子项目工程，对材料选型、施工工艺、注意事项、成品保护等环节一一讲解。第三章，以一个实验室从规划设计到施工再到验收为例，展示了实验室建设的全过程。

全书以实验室建设流程为主线，从规划到施工到验收，结合实际实验室建设案例，向读者介绍了如何建设符合标准、安全、规范的实验室。该书图文并茂，将枯燥、复杂的理论形象化，便于读者理解法规、标准和认证认可要求，掌握实验室建设施工的要点和注意事项。

该书对提升我国实验室建设的理论水平和技术能力将发挥有益的作用，适合实验室管理人员、规划设计人员、具体施工人员、相关认证认可人员以及相关大专院校师生参阅。

中国合格评定国家认可委员会（CNAS）副秘书长　肖良

前　　言

随着产品质量越来越被关注，加之中国制造业起步较晚，产品质量存在问题突显，致使企业建立实验室以提升产品自检能力的需求尤为突出。

由于实验室布局设计、装修等要求的特殊性，与一般装修差别很大，既要便于操作又要有效防止相互干扰，满足相关标准、法规的要求，在此基础上，还须融合客户的个性化需求。

市场上的实验室装修公司，基本可概括为以下两种类型：

（1）实验设备供应商，由业务扩张而形成。这类装修公司大多没有专业的设计师、项目经理等，其操作模式为接洽到装修业务后，一般直接转包给装修公司或装修队。由于其本身对实验室检测项目的程序不了解，往往只关注把设备摆放进去。而且由于设备供应商经营设备种类的局限性，这类公司往往无法装修多领域的综合实验室。

（2）实验室家具公司。这类公司在为实验室提供家具的过程中，为了更多地获利，也开始承接实验室装修业务。但其同设备公司一样，不熟悉实验方法程序，基本不具备规划实验室的能力。即便是为了承接业务，勉强规划实验室，也导致设计装修的实验室根本无法满足认可要求。例如某装修公司，将实验室的有机前处理室规划为敞开式，而将感官评价室放在该前处理对面。

实验室规划布局是实验室建设的源头，如果该环节失误，轻则导致实验室部分区域改建、重建，重则整个实验室无法投入使用。

本书以结果为导向，本着符合国家实验室认可及相关专业实验室设计、建设规范的原则，对实验室筹建、施工、验收、运营等各个环节进行了细致的阐述，以供有实验室建设相关需求的企业、单位参考。

目　　录

第一章　实验室规划

不论是新建、扩建或改建，在规划实验室时，都要做足准备工作，充分了解客户实验室的基本信息，如收集客户信息调查表、客户设备清单、客户检测项目和方法清单、客户要求及实验室场地实际情况等，然后按以下流程开展实验室规划（图1-1）。

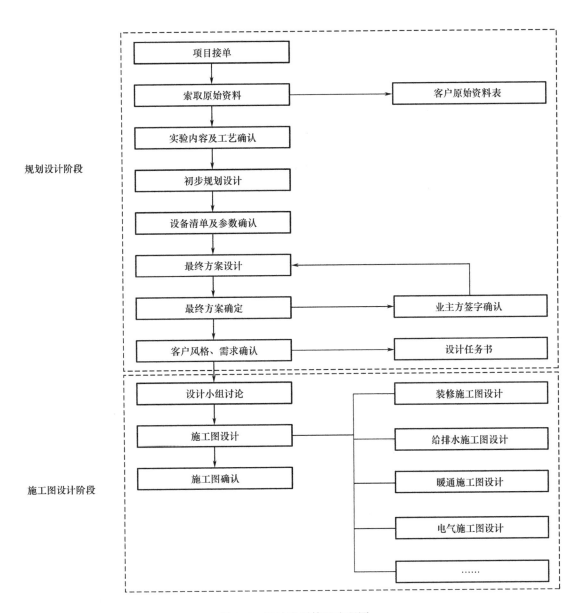

图 1-1　设计出图管理流程图

第一节　实验室检测项目

应根据客户实验室场地特点、开展的检测项目、客户公司的整体风格等为客户量身制定实验室平面图、施工图等。了解客户检测项目、依据的检测标准及测试流程，才能确定客户实验室需要的设备，实验过程会用到的试剂和产生的有毒有害气体、废液等，以及实验或其样品处理过程对环境条件的要求等，进而合理规划实验室各功能间、各项安全防护措施、环境条件的调节及监控设施设备等。

如纺织品的甲醛检测，不同检测标准对设备要求不一样，GB/T 2912：2009 系列标准就使用了不同的设备，GB/T 2912.1 和 GB/T 2912.2 里用到的是 UV，GB/T 2912.3 则要求用HPLC；GB/T 2912.1 中样品甲醛的萃取设备为恒温水浴锅，而 GB/T 2912.2 中样品甲醛的萃取设备则为烘箱。又如人造板及饰面人造板的甲醛检测（GB/T17657：2013），标准中规定了 3 种测试方法：穿孔法、干燥器法、$1m^3$ 气候箱法，这三种方法中对于样品处理的环境条件的要求均不一样。

因检测标准的多样性和差异性，对实验室前期规划机构就提出了更高、更专业的要求，而前期规划又决定了一个实验室是否规范、标准，因此，选择一家专业的实验室筹建机构，对于实验室建设单位来说尤为重要。

第二节　实验室场地

在规划实验室平面布局前，一般需要由筹建工程师去到客户实验室场地现场评估，考察实验场地的背景环境条件，如振动、噪声、采光等，同时需了解实验室所在建筑的基建情况、该建筑其他区域的用途、整体的排风及给水排水情况等。

实验室场地影响检测的准确性及实验室认可的案例比比皆是。

案例1：一个金属材料的生产企业，打算对现有的比较旧的实验室进行改造，目的是申请 CNAS 实验室认可。筹建工程师在走访实验现场时，发现了一个问题，该实验室设立在二楼，楼下就是金属材料的生产车间，有天车、叉车穿梭其中。在二楼的实验室能感觉到噪声和振动都非常大。因此筹建工程师判定该场地不适宜用于建设实验室，无法保证检测结果的准确性和可靠性，更遑论去申请国家实验室认可。

案例2：一家大型药企，花大价钱建设了动物实验室用于药物研究开发。但该动物实验室与药品的生产车间在同一栋大楼，并且没有有效隔离，因此违背了 GMP 的要求。实验因其开展工作的特殊性，如使用或实验过程中产生有毒有害气体的实验室就必须有通风设施和尾气处理措施。

案例3：一家公司在市中心租了几百平方米写字楼，准备用于实验室建设，但筹建人员在现场发现一个难题，该实验室预计开展的检测项目中会产生有毒有害气体，但基于整栋大楼都是办公写字楼，物业公司严禁在外墙、楼板打孔，故无法安装通风机管道及尾气处理设施。筹建人员建议实验室采用无管道通风柜，但其高昂的造价及维护成本，让业主方望而却步。

以上事例足以证明，实验室场地的选择关系着实验室是否适合用于开展相应的检测项目，是建设实验室的基石。如果该基石不符合要求，布局规划得再合理、装修得再漂亮，也无法投入使用，给企业造成巨大的浪费。

第三节　实验室平面设计

设计人员在设计平面图时，必须整体考虑实验室的需求，规划出足够的功能间，如金属材料生产企业要建一个把控产品及原材料质量的综合性检测实验室，同时该实验室还可兼顾监测公司生产过程中产生的废水的质量是否达标。开展的项目涉及化学分析、物理性能分析，如金相分析、机械性能、无损分析等，在规划实验室时就必须设置化学前处理室（如果包含有机和无机项目，前处理室还得分开设置）、仪器房（如果包含有机和无机项目，仪器房也须分开设置）、金属制样室、物理性能室、机械性能室、无损检测室等，此外根据检测项目可能还须设公差尺寸室、光学影像室、镍释放前处理室等等。除了这些检测所需的功能间，实验室根据实际情况可能还需一些辅助功能间，如气瓶室、试剂室、标品室、纯水室、样品室、废液室、资料室、办公室、会议室等等。综合客户要求、开展的检测项目、场地建筑实际情况等，可先制定出实验室设计要求，再细化到每个功能间的面积、通风排水要求等，详见表1-1、图1-2 ~ 图1-10。

实验室设计要求　　　　　　　　　　　　　　表1-1

分区	序号	功能间	预计面积	面积分解	预期用途	主要设备	温湿度要求	通风要求	水、电、气	排水要求
办公区（图1-2）	1	前台	5.0m×5.5m	设置铭牌，工作台	实验室门面	电脑、椅子	温度需感觉舒适	无强制要求	需电源、空调等	无强制要求
	2	办公室	7.5m×12m	①单人办公面积1.5m×1.25m，预计28人；②前过道宽1.6m，长度预计12m，座位中间过道0.8m	实验室人员办公使用	办公卡座、椅子	温度需感觉舒适	无强制要求	需电源、空调等	无强制要求
	3	文件室	5m×4.5m	预计长5m，宽4.5m	存放检验报告、各种文件等	文件柜	无强制要求	无强制要求	需电源	无强制要求
	4	会议室	5m×4.5m	预计长5m，宽4.5m	日常开会、交流、会客	会议桌椅、投影设备	温度需感觉舒适	需电源、空调等	需电源	无强制要求
	5	样品室	4.5m×4.5m	长4.5m，宽4.5m	存放样品	样品架	根据样品储存要求确认	无强制要求	需电源	无强制要求

右上角：续表

分区		序号	功能间	预计面积	面积分解	预期用途	主要设备	辅助设备	温湿度要求	通风要求	水、电、气	排水要求
储存区（图1-3）		6	无机试剂室	6m×3m	/	存放无机试剂	试剂柜	/	依储存试剂的说明书中规定的条件设置	通风	需电源	无强制要求
		7	有机试剂室	6m×3m	/	存放有机试剂	试剂柜	/	依储存试剂的说明书中规定的条件设置	通风	需电源	无强制要求
		8	标品室	4m×3m	/	存放标准物质	试剂架、冰箱	/	25℃以下	通风	需电源	无强制要求
		9	储藏室	4m×3m	/	存放实验耗材等	/	/	无强制要求	无强制要求	无强制要求	无强制要求
辅助功能区（图1-4）		10	天平室1	4m×3m	/	存放电子秤并进行相关称量	电子天平	防震台	25～30℃	无强制要求	需电源	无强制要求
		11	高温室	3m×5.6m	烘箱2台，干燥箱2台，工作台4张，长1.5m，宽1m，马弗炉1台	存放烘箱、干燥箱等	电热恒温干燥箱、马弗炉	仪器矮台	无强制要求	通风	需电源	无强制要求
		12	天平室2	4m×3m	/	存放电子秤并进行相关称量	电子天平	防震台	25～30℃	无强制要求	需电源	无强制要求
		13	纯水室	4m×4m	/	生产和储存水	纯水机	/	无强制要求	无强制要求	需电源	无强制要求
化学检验区	综合理化（图1-5）	14	化学品综合理化室	8m×3m	通风橱1～2台，长1.8m，宽1m，试验台宽1m左右，靠两侧墙摆放	测定密度、黏度、酸值、折光率、粒度	电位滴定仪、运动黏度测定器、红外测油仪、粒度分析仪、堆积密度仪	通风橱、实验台、烟雾报警器、紧急喷淋装置及洗眼器	如检测标准有要求，依其规定执行；如无标准规定，则控制在30℃以下	通风	需电源、水源	需给排水

分区		序号	功能间	预计面积	面积分解	预期用途	主要设备	辅助设备	温湿度要求	通风要求	水、电、气	排水要求
化学检验区	综合理化（图1-5）	15	闪点、燃点室	2m×3m	工作台1张，长2m，宽1.4m	进行油品的闪点、燃点测试	全自动闪点试验器	烟雾报警器、防爆柜	依检测标准要求	通风	需电源	无强制要求
	前处理及洗涤区（图1-6）	16	有机前处理室	3m×4.5m	①通风橱2~4个；②中间工作台	进行有机项目的前处理	微波萃取仪、索氏萃取装置、旋转蒸发仪	通风橱、实验台、烟雾报警器、紧急喷淋装置及洗眼器	无强制要求	通风	需电源、水源	需给排水
		17	有机清洗区	3m×4.5m	/	进行有机项目器皿的洗涤	超声清洗仪等	/	无强制要求	通风	需电源、水源	需给排水
		18	无机前处理室	10m×6m	①通风橱6~8台；②设置中间工作台，工作台末端设水槽、房间入口预留1.5~2m放置酸缸	重金属等无机项目前处理	电热板	通风橱、实验台、烟雾报警器、紧急喷淋装置及洗眼器	无强制要求	通风	需电源、水源	需给排水
		19	Ni释放量前处理	10m×7m	2.5m×0.62m的实验台16张（每排3张，5排）；靠左侧墙进门位置放置摇床；再横向摆放一张水浴锅的实验台；靠房间右上角横向摆放实验台一张，右侧设计水槽	汗液配制、样品分装及浸泡	水浴锅、摇床	实验台、烟雾报警器、紧急喷淋装置及洗眼器	依相应检测标准要求	通风	需电源、水源	需给排水

续表

分区		序号	功能间	预计面积	面积分解	预期用途	主要设备	辅助设备	温湿度要求	通风要求	水、电、气	排水要求
化学检验区	精密仪器室（图1-6）	20	有机仪器室	4m×4.5m	气相色谱质谱联用仪（GCMS）1台，工作台	RoHS中的有机项目检测（如PBBS、PBDES、邻苯二甲酸盐等）	气相色谱质谱联用仪	工作台（预留设备检修通道）、万向抽风罩、烟感器	18～25℃，相对湿度80%以下	通风	需电源	无强制要求
		21	无机仪器室	6m×4m	工作台3张，分别放置3台仪器（注意预留ICP的空压机、ICP及直读光谱仪的气瓶）	重金属含量分析	电感耦合等离子体原子发射光谱仪（ICP）、红外光谱仪（FTIR）、直读光谱仪	工作台（预留设备检修通道）、抽风罩、烟感器	18～25℃，相对湿度80%以下	通风	需电源	无强制要求
水质检验区（图1-5）		22	水质综合区	4m×4m	通风橱1个、实验台	总氮前处理及滴定、COD前处理等	灭菌锅、微波消解仪	滴定管或自动滴定仪、通风橱、实验台、烟雾报警器、紧急喷淋装置及洗眼器	具体依相应检测标准要求	通风	需电源、水源	需给排水

续表

分区	序号	功能间	预计面积	面积分解	预期用途	主要设备	辅助设备	温湿度要求	通风要求	水、电、气	排水要求
水质检验区（图1-5）	23	水质仪器室	6m×4m	靠两侧布置实验台	BOD、总有机碳、无机碳、总碳、浊度、氨氮、阴、阳离子测试	离子色谱、UV、总有机碳分析仪、浊度测定仪、BOD培养箱等	工作台（预留设备检修通道）、烟感器	18～25℃，相对湿度80%以下	通风	需电源	需给排水
金属材料物理机械检验区 制样及电镜分析（图1-7）	24	金属材料制样室	10m×4m	通风橱1个、实验台	金属制样如切割、碾磨、镶埋	金相磨样机、切割机、通风橱	/	无强制要求	通风	需电源、水源	需给排水
	25	SEM+EDS仪器室	6m×3m	/	形貌观察与成分分析	SEM+EDS	工作台（预留设备检修通道）	18～25℃，相对湿度80%以下	无强制要求	需电源，依据仪器冷却方式确定是否需要水源	无强制要求
环境可靠性（图1-4）	26	环境可靠性实验室	4m×5.5m	/	产品耐极限温度及湿度环境的性能	恒温恒湿箱	/	依相应设备说明书或检测标准要求	无强制要求	需电源	需排水
	27	老化室	3m×5.5m	/	膜层UV老化性能	紫外老化箱	工作台	依相应设备说明书或检测标准要求	无强制要求	需电源	无强制要求

续表

分区		序号	功能间	预计面积	面积分解	预期用途	主要设备	辅助设备	温湿度要求	通风要求	水、电、气	排水要求
金属材料物理机械检验区	环境可靠性（图1-4）	28	盐雾室	6m×3m	/	耐腐蚀能力	盐雾实验机	/	依相应设备说明书或检测标准要求	通风（需比较大的抽风机或是自然通风条件很好）	需电源	需排水
	物理及机械性能（图1-8）	29	物理性能室	7.5m×4m	/	硬度、粗糙度、照度、外观、金相显微	Mitutuyo粗糙仪、掌上粗糙仪、照度计、金相显微镜、QHQ机械式铅笔硬度计、维式硬度计等	工作台	依相应设备说明书或检测标准要求	无强制要求	需电源	无强制要求
		30	机械性能室	7.5m×4m	/	拉伸、扭力、摩擦等	线性磨损仪、震盘耐磨测试仪、滑动测试仪、跌落测试仪、摇摆测试仪、数控扭力机、推拉力机等	工作台	依相应设备说明书或检测标准要求	无强制要求	需电源	无强制要求

续表

分区		序号	功能间	预计面积	面积分解	预期用途	主要设备	辅助设备	温湿度要求	通风要求	水、电、气	排水要求
金属材料物理机械检验区	尺寸及公差（图1-9）	31	二维公差/尺寸室1	7.5m×6.5m	/	尺寸公差分析	影像测量仪	电脑、办公桌椅	20℃，具体依相应设备说明书或检测标准要求	无强制要求	需电源	无强制要求
		32	二维公差/尺寸室2	7.5m×6.5m	/	尺寸公差分析	影像测量仪	电脑、办公桌椅	20℃，具体依相应设备说明书或检测标准要求	无强制要求	需电源	无强制要求
		33	三维公差/尺寸室1	7.5m×6.5m	/	尺寸公差分析	三维影像仪	电脑、办公桌椅	20℃，具体依相应设备说明书或检测标准要求	无强制要求	需电源	无强制要求
		34	自动光学影像测绘室	7.5m×6.5m	/	尺寸公差分析	自动光学影像测绘仪	电脑、办公桌椅	具体依相应设备说明书或检测标准要求	无强制要求	需电源	无强制要求

续表

分区	序号	功能间	预计面积	面积分解	预期用途	主要设备	辅助设备	温湿度要求	通风要求	水、电、气	排水要求
金属材料物理机械检验区	尺寸及公差（图1-9） 35	三维公差/尺寸室2	2m×6.5m	/	尺寸公差分析	三维影像仪+刃口光学三维测量仪	/	20℃，具体依相应设备说明书或检测标准要求	无强制要求	需电源	无强制要求
	36	颜色、光泽室	7.5m×3.5m	/	颜色、光泽测试	测色计、光泽仪、显微镜	工作台	依相应设备说明书或检测标准要求	无强制要求	需电源	无强制要求
气瓶储存区（图1-10）	37	易燃易爆气瓶室	3m×4m	/	实验用气暂存	气瓶及气瓶固定装置	防爆开关等	无强制要求	无强制要求	需电源	无强制要求
	38	惰性气瓶室	3m×4m	/	实验用气暂存	气瓶及气瓶固定装置	/	无强制要求	无强制要求	需电源	无强制要求

注：因考虑样品接收与储存区就近，故将样品室设置在前台后面。

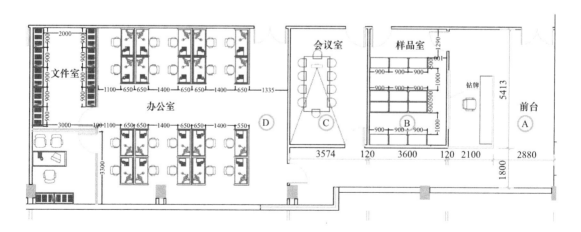

图1-2　实验室设计要求示意（一）

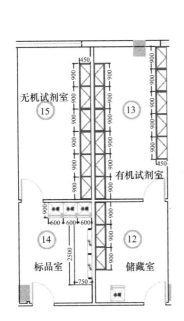

图 1-3 实验室设计要求示意（二）

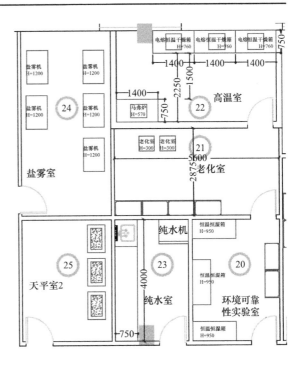

图 1-4 实验室设计示意（三）

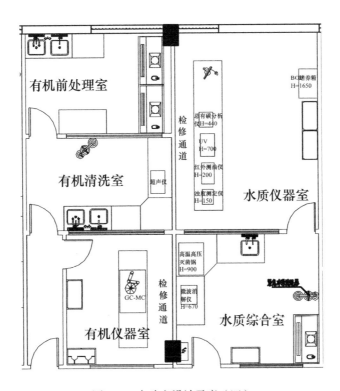

图 1-5 实验室设计示意（四）

图1-6　实验室设计示意（五）

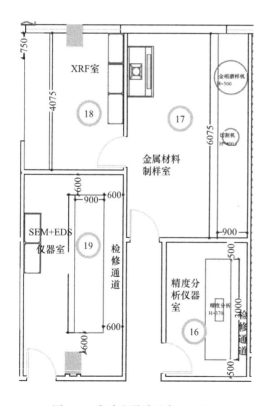

图1-7　实验室设计示意（六）

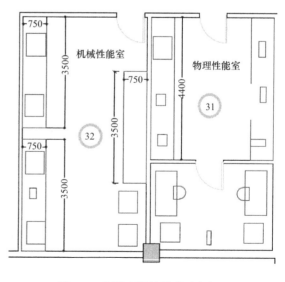

图1-8　实验室设计示意（七）

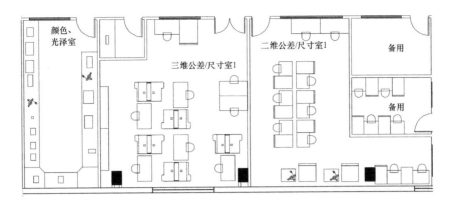

图 1-9　实验室设计示意（八）

例如，要设计一间食品检测的综合实验室，首先要分析其开展的项目所覆盖的子领域，包括营养成分（脂肪、总糖、茶多酚、咖啡碱、蛋白质等）、重金属（铅、锰、总砷、铜、铬、汞等）、添加剂（山梨酸、苯甲酸、糖精钠、柠檬黄、日落黄、邻苯二甲酸酯等）、药物残留（农药残留：有机磷类如甲胺磷、对硫磷）、有机氯类（γ–六六六、δ–六六六、2，4'–滴滴涕、4，4'–滴滴涕、氰戊菊酯、溴氰菊酯)等，及兽药残留，包括β–受体激动（克伦特罗）、抗生素（磺胺、恩诺沙星、环丙沙星、丹诺沙星、诺氟沙星、氧氟沙星、四环素、土霉素、金霉素等）、毒素（黄曲霉毒等）、微生物（菌落总数、大肠菌群、致病菌如金黄色

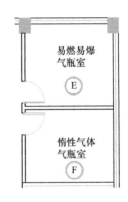

图 1-10　实验室设计示意（九）

葡萄球菌、单增李斯特菌、沙门氏菌、致贺氏菌、肠出血性大肠杆菌、副溶血性弧菌、坂崎肠杆菌等）、转基因。然后根据实验室开展项目的范围去规划功能间，如综合理化室、无机前处理室、无机仪器室、有机前处理室、有机仪器室、微生物准备室、无菌室、生物安全室（危险程度较高的致病菌所需）、培养室、微生物鉴定室等等，还须考虑在理化检测的样品与微生物检测的样品储存过程中防止交叉污染。

在初步确定各功能间后，设计师要根据实验室的基建布局特点将各功能间布置在合适位置。主要考虑相邻不相容的区域需有效隔离，需抽风的功能间尽量集中布置，实验过程的便利性等，如感官评价室应尽量安排在安静、无异味干扰的区域。

功能间楼层位置的一般要求包括：设备重量较大或要求防振，则可设置在底层；如实验室要求洁净、安静，应尽量放在高层。

通常来说，实验室平面图包括但不限于以下内容：①实验室平面规划图；②实验室家具平面布置图；③实验室仪器设备摆放示意图。

设计师在规划各功能间时，应考虑其面积，合理布置实验家具及实验设备，同时考虑实验人员的活动空间是否足够。规划平面图时一般按建筑模型排列各实验室，按模型的倍数填写长、宽、高，同时标注主要设备及实验室家具的尺寸。一些实验室要求在楼顶敷设管道（通风、给水、电气线路等），因此必须吊顶，因此层高需相应地增加。有些实验室属于特殊类型，则应采用满足相关标准要求的尺寸，如电波暗室。在规划平面布局时，还须考虑对实验室的门的各种要求。一般来说，分为内开（门向房间内开）和外开（主要设置在有爆炸危险的房间内），既要满足实验室的特殊要求，又要符合建筑消防的要求。一些特殊功能间的门有特殊要求，如电波暗室需要有屏蔽门；生物安全实验室中的无菌室或生物安全室，其房间门最好采用感应式；恒温恒湿房的门最好采用推拉式。

第四节　实验室施工图纸设计

平面图在交付客户前，必须经过授权人员审核。经审批的平面规划图交予业主方签字盖章确认之后，开始设计施工图纸。

施工图包含但不限于以下内容：①实验室工艺平面布局图；②实验室装饰装修设计图；③实验室给排水设计图；④实验室暖通设计图（排风、尾气处理、洁净空调）；⑤实验室集中供气设计图；⑥实验室污水系统设计图；⑦实验室电气设计图。

设计师根据实验室平面规划图、客户要求及实验室实际情况，分专业确定需要设计的施工图。实验室工艺平面布局图、实验室装饰装修设计图、实验室给排水设计图、实验室暖通设计图、实验室电气设计图是常见的，大部分实验室均需要。而实验室集中供气设计图和实验室污水系统设计图则视具体情况，如实验室只是做一些机械、物理性能的测试，则不需要用到气体，或是实验室用到气体的项目非常少，且检测频次也不多，则不需考虑集中供气。污水处理系统同理，如实验室的检测过程不产生有毒有害的废液，则无需考虑污水处理系统。

在做施工设计时，要充分考虑建筑、消防、环保、实验室建设等要求，具体包括但不限于以下方面：

1. 实验室一般要求

（1）洁净度

有的区域无特殊要求，如无机前处理室。

有的区域要求洁净，进行实验时要求房间内空气达到一定的洁净要求，如无菌室。

（2）耐火

大多数实验室都要求耐火，要满足消防要求。

（3）噪声

如消声室、录音室、感官评价室等。

（4）门

个别要求双向弹簧，有的要求单向弹簧或推拉门，如恒温恒湿房。

屏蔽：防止电磁场的干扰而设置屏蔽门，如电波暗室。

自动门：如无菌室。

（5）窗

开启：指向外开启的窗扇。

固定：有洁净要求的实验室采用固定窗，避免灰尘进入室内。

部分开启：在一般情况下窗扇是关闭的，用空气调节系统进行换气，当检修、停电时，则可以开启部分窗扇进行自然通风。

双层窗：用于寒冷地区或有空调要求的房间，如精密仪器房。

（6）墙面

要求实体墙，如易燃易爆气瓶储存室。

隔热：冷藏室墙面要求隔热。

耐酸碱：有的实验室在实验时有酸碱气体逸出，要求设计耐酸碱的墙面，如无机前处理室。

吸声：实验时产生噪声，影响周围环境，墙面要做吸声材料。

消声：实验时避免声音反射或外界的声音对实验有影响，墙面要进行消声设计。

屏蔽：外界各种电磁波对实验室内部实验有影响，或实验室内部发出各种电磁波对外界有影响。

颜色：根据实验的要求和舒适的室内环境选用墙面颜色，一些实验室对墙体颜色有特殊要求，如颜色评级用的暗室。

（7）地面要求

防滑（如用水较多的区域），防放射性沾染，防静电，防酸碱腐蚀。

（8）顶棚要求

防潮，防酸碱腐蚀，防盐腐蚀，便于检修。

（9）通风柜

实验过程中用到或产生有毒有害气体的，均需在通风设施中操作，所以要在相应区域设置足够数量的通风柜。

（10）实验台

包括岛式实验台、半岛式实验台，靠墙实验台和靠窗实验台（很少用）。在施工图设计时要考虑实验台尺寸，同时还要考虑实验台的材质，应保证其承重能力不变形，不被腐蚀等。

2. 温湿度通风要求

中央空调系统：采用中央空调调节实验室温湿度。

独立空调：各区域根据需要配置独立空调和加湿、除湿设备。

恒温恒湿空调系统：针对温湿度要求控制严格的区域，设置恒温恒湿系统，如纺织品实验室用于样品调湿平衡的恒温恒湿房。

3. 通风

自然通风：即不设置机械通风系统。

单排风：靠机械排风。

局部排风：如某一实验室产生有害气体或气味等需要局部排风。在有机械排风要求时，最好能提出每小时换气次数，如安装通风柜。

4. 供气系统

集中供气：根据实验室用气种类、量的多少，结合实验室的实际情况，设计集中供气系统。

非集中供气：在实验室需要用气的区域设置气瓶柜，考虑安全性，必要时设置防爆装置。

5. 给排水

（1）给水

纯水：即实验室或其母体公司工厂有大型纯水生产设备时，将根据各区域用水需求布置纯水给水管道。

自来水：根据各区域用水需求布置给水管道。

应注意设计给水系统时，要考虑水压，必要时在屋顶设置水箱。

（2）排水

排水的性质：如重金属的酸溶液，排放之前应先中和，不能直接排放，应设置专门的污水处理池。排水管材质也应该选择耐酸腐蚀的 PVC、PPR 等。

设置地漏：地漏是实验室的地面上设置的一个排水口。

排水管道的敷设、贯穿：管道敷设应考虑不对其他实验区域造成影响，如微生物无菌室一般不允许给排水管道穿越。

6．电气

（1）照明

一般照明：要满足实验室基本的照度要求。

应急照明：系指万一发生危险情况时需要事故照明，有应急照明灯和紧急出口指示牌。

（2）电线敷设

明线：电线采用外露形式的。

暗线：电线采用暗装形式的，从整洁美观方面考虑，多采用暗线。

（3）强电

仪器设备用电（kW）：按每台设备的容量提出数据。

供电电压（V）：每台设备要求电压是多少。

稳压电源：根据仪器设备的特性、使用的时长、贵重程度等，合理配置稳压电源、UPS 等。

（4）弱电

根据需要，装设电话分机、装设电钟插座、装设闭路电视系统等。

（5）接地

实验室的设备应实现等电位连接和接地保护。

（6）防雷

建设地点的防雷情况要调查清楚，提出防雷要求，一般基建就要考虑防雷。

7．实验室的危险因素

在实验过程中产生的危险因素，应采取适当的措施加以监测和控制，尽量减少对人和环境的危害，如：

噪声：实验时产生噪声，实验人员应佩戴防护耳机，加装隔声设施。

振动：地面或台面采取防振措施。

有异味、有毒有害废气：该类操作在通风柜等通风设施内进行，实验人员佩戴防护口罩。

辐射：实验时产生 α、β、γ 等射线时，实验人员应配置防护服、辐射计量装置，将产生辐射的区域有效隔离等。

第二章 实验室装修

实验室装修是一项复杂的系统工程，涵盖通风系统、电气系统、给水排水系统、集中供气系统、空调系统、废气处理系统、污水处理系统等，涉及的专业繁杂，标准众多（图2-1）。实验室装修施工较普通家装而言技术含量高、难度大，且施工方法、装修材料的选择直接影响实验效果和实验室安全，因此要根据不同的实验性质及对环境的要求和影响，来选择不同的施工方法和材料。

图 2-1 实验室效果图

下面从实验室隔墙及主体结构工程、实验室地面工程、实验室吊顶天棚工程、实验室公用工程安装、实验室家具及设备安装工程、其他工程（如防水处理、门窗安装、防腐蚀工程、油漆工程）等方面介绍不同的施工方法和材料的选择。

第一节 隔墙及主体结构工程

一、隔墙

实验室隔墙一般可采用砖墙、玻璃隔墙及彩钢板隔断（主要又分为岩棉彩钢板、玻镁夹芯彩钢板）、轻钢龙骨石膏板隔墙、轻钢龙骨水泥板隔墙等。

1．砖墙

（1）砖墙的性能及材料准备

优点：保温、隔热及隔声效果较好，具有防火和防冻性能，有一定承载力，取材容易，制造及施工操作简单，不需要大型设备。饰面处理方法多，如简单粉刷或贴瓷砖、挂大理石等。

缺点：施工时间长于其他类型墙体，价格较高。

砌体材料：砌墙用砖主要有黏土砖、灰砂砖、粉煤灰砖、页岩空心砖等（图2-2）。

现场准备堆放场地，要求平整、清洁、不积水。进场砌体材料厂家具有生产资格和产品出厂合格证，并按规定随机抽样送检验机构检验合格。

图2-2 蒸压加气混凝土砌块

水泥：普通硅酸盐水泥分为42.5，42.5R，52.5，52.5R 四个强度等级。质量证明文件齐全，经鉴定合格后按品种、强度等级、出厂日期分别堆放。

砂：中砂，含泥量小于4%，使用前过筛，不得含有草根和废渣等杂物。

外加剂：外加剂采用 XF-S 高效砂浆塑化剂，质保书和合格证齐全，并符合国家有关规定。

水：拌制砂浆的水采用洁净的天然水。

其他材料：辅助砌块、混凝土实心标准砖、φ6 钢筋等。

（2）作业条件

将墙身部位、地面表面清理干净，弹好墙身门窗洞口位置线，在结构墙柱面上弹好砌体立边线（图2-3）。

在结构墙柱上弹好 +500mm 标高水平线。

卫生间的墙体（砌筑下）必须浇注 200mm 高的混凝土，包括管井（混凝土至门下）。

砌筑前应根据墙体尺寸及砌块尺寸计算其层数和排数，并编制排列图，标明主砌块、

图 2-3　烧结砖基础

辅砌块、特殊砌块、预留门窗洞、预留洞口位置、拉结筋设置位置等。

（3）操作工艺

①砂浆拌制

砂浆配合比，根据实验室配比采用重量比，计量允许偏差，水泥为 ±2%，砂控制在 ±5% 以内。

砂浆应随拌随用，一般必须在拌成后 3 小时内使用完毕。气温超过 30℃时，必须在 2 小时内用完。必要时可采用掺外加剂等措施延长使用时间。上午的砂浆不得下午使用，严禁使用过夜砂浆。

砂浆必须装在灰槽内使用，不允许落地。

②砌筑施工过程

砌筑班组进场后必须做样板层，经项目部技术人员、质量人员、放线人员、甲方、监理验收合格后，方可进行大面积施工。

砌筑前，放线人员将墙体尺寸、过梁位置、预留洞口位置、特殊节点交待明确。施工时首先在墙体阴阳角处根据标高及砌体规格先立好层数杆，杆间距离不宜超过 15m，杆上应标明层数以及门窗洞口、过梁等部位标高。灰缝控制在 8 ~ 12mm 之内。要求墙体水平灰缝与建筑平线平行，偏差小于 5mm，竖缝通线。

砌墙前基层清理干净，拉好水平线，在放好墨线的位置上，按排列图从墙体转角处或定位砌体处开始砌筑，最下一层砖如水平灰缝大于 20mm 时，先用 C15 细石混凝土找平后方可砌筑。

混凝土砌块不宜浇水。当天气干燥炎热时，可在砌块上稍加喷水润湿。轻集料混凝土小砌块施工前可洒水，但不宜过多，龄期不足 28 天及潮湿的小砌块不得进行砌筑。

砌块必须错缝搭接，且宜对孔、底朝上反砌，保证灰缝饱满。空心砖上下层搭接长度宜为砖长 1/2，不得小于砖长 1/3。混凝土空心砌块应对孔错缝搭砌，上下层小砌块竖向灰

图 2-4　构造柱

缝相互错开，否则在灰缝中应设置拉结筋（图 2-4）。

一次铺设砂浆的长度不宜超过 800mm。铺设砂浆后应立即放置砌块，可用木锤敲击摆正、找平。

墙体转角处应咬槎砌筑，纵横交界处为咬槎时应设置拉结措施，设置拉结钢丝网或钢筋。

墙体施工缝处必须砌成斜槎，如留斜槎确有困难时，则必须沿高度 500mm 左右设置两根 φ6 拉结筋。钢筋伸入墙内每边不小于 600mm，也可采用拉结钢丝网等其他措施。

墙体与混凝土墙柱交接处，应将墙柱上预留的拉结筋展平，砌入水平灰缝中，砌块与墙柱间的灰缝必须填满砂浆。

所有门窗洞口，两侧均使用实心标准砖砌筑。门窗顶如有砌体，应采用不低于 M5 的砂浆，按设计标高将预制钢筋混凝土过梁牢固砌入，或采用现浇钢筋混凝土过梁。

安装窗边框前，混凝土窗台板的板面应平整。如无混凝土窗台板，窗台应采用普通砖砌筑，上部必须铺设钢筋并以水泥砂浆抹平，达到设计标高。

墙顶部与主体结构间留 25mm 缝，待 7 日后用实心砖斜砌顶实，砌体沉降稳定后使用膨胀砂浆填实。

墙体每天砌筑高度以控制在 1.8m 为宜，室外墙体雨天砌筑高度不宜超过 1.2m。

施工中如需设置临时施工洞口，其侧边离交接处的墙面不应小于 600mm，且顶部应设置过梁。填砌施工洞时所用的砂浆强度等级应相应提高一级。

雨期施工时，砌块应做好防雨措施，不得使用被水湿透的砌块。当雨量较大且无遮盖时，应停止砌筑并应对已砌筑好的墙体采取遮雨措施，继续施工时应复核墙体的垂直度。

构造柱两侧砌墙在施工时应清理干净残留砂浆。砌体填充墙应沿墙体高度设两根 φ6 墙体拉结筋，每 500mm 设一道，伸入墙内 1/5 填充墙长 700mm 或至洞口边。

墙体拉结筋，构造柱、圈梁的钢筋与结构连接采用植筋方法，植筋时要注意清孔，保证植筋质量。

构造柱、过梁在立模前应认真清理钢筋内的砂浆、杂物，浇筑混凝土前，应浇水湿润模板和墙面，使混凝土与墙面很好地粘结。

风道井的 60mm 厚砖墙为了配合电气、水暖后隔槽需要，需加大砂浆强度。

新砌墙体不裂缝的工艺方法：墙面粉刷前必须提前半天冲水湿透，必须设置垂直标筋，标筋间距不得大于 1.2m，上下不得大于 60cm。

新砌墙体时，尽可能地使用接近标准的砖头，不同标准的砖体可能略有差异，砖体面积上也有差异。在进行墙体砌筑时，尽可能使用 12cm 墙。不能仅仅考虑 12cm 墙可能挤占的空间与面积，因为在实际工作中，6cm 墙体带来的墙体开裂问题一直没有有效的解决办法，虽然 6cm 墙的开裂不是绝对的，但如果开裂，基本上无法解决。

③门过梁

门过梁要用钢筋混凝土预制（模板预制），严禁直接用木板支模，水泥砂浆直接支模倒。须加细石，等级强度不得低于 C25。门过梁中间加两根 φ8 钢筋，两边长出门洞不得少于 10cm（图 2-5）。

图 2-5 过梁

（4）应遵循的主要标准

使用砌块的品种、强度等级必须符合设计要求。

砌筑砂浆品种、强度等级必须符合设计和施工规范的要求（每一层楼或 250m³ 砌体的每种强度等级的砂浆至少制作二组试块）。

砌体砂浆必须密实饱满，砂浆饱满度水平缝不低于 90%，竖直缝不低于 80%。应边砌边勾缝，不得出现暗缝，严禁出现透缝。

外墙的转角处必须同时砌筑，严禁留直槎，其他临时间断处，留槎的做法必须符合施工规范的要求。

预埋拉结筋的数量、长度均应符合设计要求和施工规范，留置间距偏差不超过 1 层砌块。

砌体灰缝厚度为 8 ~ 12mm，墙面垂直度小于 5mm，平整度小于 8mm，且每砌完一块必须原浆勾缝。

（5）应注意的问题

不得使用龄期不足 28 天、潮湿、破裂、不规整、表面被污染的砌块。

砌体内的管槽盒应在砌筑时根据设计要求预留好。电气盒位置要求全部使用切割锯切割，大小、位置要准确，坚决禁止使用锤、钻凿洞。户总箱部位砌筑时预留位置。安装后，箱四周采用细石混凝土灌实。电线管原则上穿砌块孔，当确实有困难时，要求砌筑时留砖缝，缝宽不得大于管径 +10mm，砖缝处增设两根 φ6 钢筋拉结（图 2-6）。砖缝要求每层砖均需加设拉结筋，砖缝要求垂直、通线。

图 2-6　拉结筋

　　砌筑后需移动砌块或砌块松动，均须铲除原有砂浆重新砌筑。灰缝找平时严禁在灰缝中塞石子和木片。

　　砌筑时必须按规定埋设拉结筋，以保证砌体稳定。

　　砌筑时灰缝应饱满，严禁干砌再灌缝。

　　注意成品保护，注意不得碰撞已砌好墙体、门窗口角和已完成的机电设备、管线、埋件。

　　新旧墙体间要用拉结筋，砖要上下错接，接缝处的砂浆要饱满，不得出现透明缝、瞎缝、假缝、通缝。

　　新旧墙的连接：砌墙的关键部分是新砌墙和房屋原有老墙防裂的连接工艺。标准做法是铲掉老墙靠近新墙处的石灰层，把老墙凿毛，增加凹槽，并在老墙上打洞插入钢筋、膨胀螺丝或者钢钉，在砌筑新墙的时候连同这些一起砌进去。如果不方便插入这些钢固件，则需要把老墙表层凿毛后再砌新墙或者凿出一个凹槽后将新墙的红砖嵌在里面后再砌。这样的做法能尽量减少新砖墙和老墙之间开裂的机会（图 2-7）。

　　新墙面要贴防裂网格绷带，牛皮纸或者的确良布也能有效延缓开裂的时间，如果要万无一失，建议选用石英纤维壁布贴墙面，能够有效防止开裂。

　　过梁支承处的轻质小砌块孔洞，用 C15 混凝土灌实。

　　加气砌块应在抹灰前提前 1 ~ 2 天浇水使其湿润，抹灰时再浇水湿润一遍，使块料与砌筑砂浆有较好的粘结；并根据不同材料性能控制含水率，轻质小砌块含水率控制在 5% ~ 8%，加气混凝土砌块含水率小于 15%，粉煤灰加气块含水率小于 20%，禁干砖上墙。轻质小砌块粉刷时适当浇水湿润即可。

图 2-7　新旧墙施工

　　蒸压加气混凝土砌体填充墙与结构或构造柱连接的部位，应预埋两根 $\phi 6$ 的拉结筋，拉结筋的竖向间距应为 500 ~ 1000mm，当有抗震要求时，拉结筋的末端应做 40mm 长 90° 弯钩。

　　构造柱厚度一般与墙等厚，圈梁宽度与墙等宽，高度不应小于 120mm。圈梁、构造柱的插筋宜优先预埋在结构混凝土构件中或后植筋，预留长度符合设计要求。构造柱施工时按要求应留设马牙槎，马牙槎宜先退后进，进退尺寸不小于 60mm，高度为 300mm 左右。当设计无要求时，构造柱应设置在填充墙的转角处、T 形交接处或端部；当墙长大于 5m 时，应间隔设置。圈梁宜设在填充墙高度中部（图 2-8）。

图 2-8　圈梁

新旧墙表面水平或直角连接必须用钢丝网加强防裂处理，两边宽度不得少于15cm，并固定牢固。新旧墙连接阴角也应贴封处理（图2-9）。

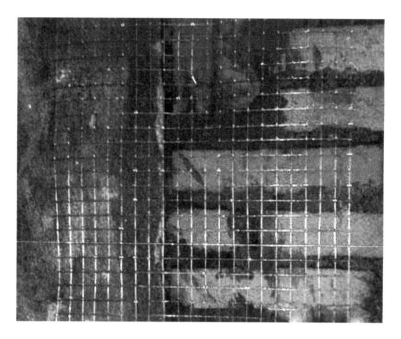

图2-9　新旧墙交界处理

2. 钢化玻璃隔墙

优点：采光好，隔声防火佳，保温，易安装，可重复利用。玻璃隔墙采用钢化玻璃，有抗风、抗寒暑、抗冲击等优点，所以更加牢固、耐用，破碎也不会伤及人体。表面可根据客户要求制作成磨砂LOGO带或其他造型。无需做特殊饰面处理（图2-10）。

图2-10　钢化玻璃隔墙

缺点：怕尖锐物体碰撞，不能承重，价格偏高。

（1）施工准备材料

构配件玻璃隔墙采用12mm钢化玻璃，在玻璃制品工厂加工制作。

（2）工艺流程

①无竖框玻璃隔墙安装施工程序：

测量放线→材料订购→上、下部位钢件制作、安装→安装玻璃→安装不锈钢→涂胶→清洗。

测量放线：根据设计图纸尺寸测量放线，测出基层面的标高，玻璃墙中心轴线及上、下部位 50mm×100mm 钢管的位置线。

固定铁件和钢管焊接：根据设计图纸的尺寸安装固定部件，用膨胀螺栓固定，然后把 50mm×100mm 钢管调平直，焊接固定。所有非不锈钢件涂刷防锈漆。

玻璃块安装定位及不锈钢板：12mm 钢化平板玻璃全部在专业厂家定做，运至工地。首先将玻璃块清洁干净，把橡胶垫安放在钢管上，用不锈钢槽固定，用玻璃安装机或托运吸盘将玻璃块安放在安装槽内，调平、竖直后固定，同一玻璃墙全部安装调平、竖直，才开始安装不锈钢装饰条。

注胶：首先将上、下部位、侧边玻璃槽及玻璃缝注胶处清洁干净，然后将注胶两侧的玻璃、不锈钢板面用白色胶带粘好，留出注胶缝位置，按规定要求注胶，同一缝一次性注完刮平，中途不停歇。

清洁卫生：将安装好的玻璃块用专用的玻璃清洁剂清洗干净（切勿用酸性溶液清洗）。

②有竖框玻璃隔墙安装程序：弹线→安装固定玻璃的型钢边框→安装大玻璃→嵌缝打胶→边框装饰→清洁。

弹线：弹线时注意核对已做好的预埋铁件位置是否正确（如果没有预埋铁件，则应划出金属膨胀螺栓位置）。落地无竖框玻璃隔墙应留出地面饰面层厚度（如果有踢脚线，则应考虑踢脚线三个面饰面层厚度）及顶部限位标高（吊顶标高）。先弹地面位置线，再弹墙、柱上的位置线。

安装固定玻璃的型钢边框：如果没有预埋铁件，或预埋铁件位置已不符合要求，则应首先设置金属膨胀螺栓。然后将钢管按已弹好的位置线安放好，在检查无误后与预埋铁件或金属膨胀螺栓焊牢。型钢材料在安装前应刷好防锈漆，焊好以后在焊接处应再补刷防锈漆（图 2-11）。

图 2-11　钢化玻璃隔墙施工

玻璃安装。厚玻璃就位：在边框安装好后，先将其槽口清理干净，槽口内不得有垃圾或积水，并垫好防振橡胶垫块。用 2～3 个玻璃吸盘把厚玻璃吸牢，再同时抬起玻璃先将玻璃竖着插入上框槽口内，然后轻轻垂直落下，放入下框槽口内。如果是吊挂式安装，在将玻璃送入上框时，还应将玻璃放入夹具中。调整玻璃位置：先将靠墙（或柱）的玻璃推到墙（柱）边，使其插入贴墙两边框槽口内，然后安装中间部位的玻璃。两块厚玻璃之间接缝时应留 2～3mm 的缝隙或留出与玻璃稳定器（玻璃肋）厚度相同的缝隙，为打胶做准备。玻璃下料时应计算预留缝宽度尺寸。如果采用吊挂式安装，这时应用吊挂玻璃的夹具逐块将玻璃夹牢。

嵌缝打胶：玻璃全部就位后，校正平整度、垂直度，同时用聚苯乙烯泡沫嵌条嵌入槽口内使玻璃与金属槽接合紧密，然后打硅酮结构胶。

边框装饰：一般无竖框玻璃隔墙的边框是将边框嵌入墙、柱面和地面的饰面层中，此时只要精细加工墙、柱面和地面的饰面块材并在镶贴或安装时与玻璃连接好即可。

清洁：有竖框玻璃隔断墙安装好后，用棉纱和清洁剂清洁玻璃表面的胶迹和污痕，然后用粘贴不干胶纸条等办法做出醒目的标志，以防止碰撞玻璃的意外发生。

（3）施工注意的质量问题

弹线定位时应检查房间的方正、墙面的垂直度、地面的平整度及标高。玻璃隔墙的节点做法应充分考虑墙面、吊顶、地面的饰面做法和厚度，以保证玻璃隔墙安装后的观感质量和方正。

框架安装前，应检查交界周边结构的垂直度和平整度，偏差较大时，应进行修补。框架应与结构连接牢固，四周与墙体接缝用发泡胶或其他弹性密封材料填充密实，确保牢固。

采用吊挂式安装时，应对夹具逐个进行反复检查和调整，确保每个夹具的压持力一致，避免夹具松滑、玻璃倾斜，造成吊挂玻璃缝不一致。

玻璃隔墙打胶时，应由专业打胶人员进行操作，并严格要求，避免胶缝宽度不一致、不平滑。

玻璃加工前，应按现场测量的实际尺寸，考虑留缝、安装及加垫等因素的影响后，计算出玻璃的尺寸。安装时检查每块玻璃的尺寸和玻璃边的直线度，边缘不直时，先磨边修整后再安装。安装过程中应将各块玻璃缝隙调整为一致宽度，避免玻璃之间缝隙不一致。

（4）质量标准

①主控项目

隔墙工程所用材料的品种、规格、性能、图案和颜色应符合设计要求，玻璃隔墙应使用安全钢化玻璃（图 2-12）。

玻璃隔墙的安装必须牢固，胶垫的安装应正确。

②一般项目

隔墙表面应色泽一致、平整洁净、清晰美观。

隔墙接缝应横平竖直，玻璃应无裂痕、缺损和划痕。

板隔墙嵌缝及玻璃隔墙勾缝应密实平整、均匀顺直、深浅一致。

隔墙安装的允许偏差和检验方法应符合《建筑装饰装修工程施工质量验收规范》的规定。

图 2-12　玻璃隔墙实验室

（5）成品保护

玻璃隔断安装完成后，对于需要进入玻璃隔断区域内施工的工种和人员实行登记制度，把成品保护工作落实到人。

玻璃安装完毕，挂上门锁或门插销，以防风吹碰坏玻璃，并随手关门及锁门。

龙骨及玻璃安装时，应注意保护顶棚、墙内装好的各种管线；龙骨的天龙骨不准固定在通风管道及其他设备上。

施工部位已安装的门窗及已施工完的地面、墙面、窗台等应注意保护，防止损坏。

骨架材料，特别是玻璃材料，在进场、存放、使用过程中应妥善管理，使其不变形、不受潮、不损坏、不污染。

其他专业的材料不得置于已安装好的龙骨架和玻璃上。

将隔板靠在支架上，拆除玻璃保护箱后的两块厚木板用作支撑架，从而可以为玻璃提供保护。

3. 彩钢板隔墙

目前实验室装修隔墙用到的彩钢板，主要以岩棉彩钢板及玻镁夹芯彩钢板为主。下面以玻镁夹芯彩钢板为例，讲述彩钢板隔墙施工工艺及注意事项（图 2-13）。

优点：玻镁夹芯彩钢板既具有钢铁材料机械强度高、易成型的性能，又兼有涂层材料良好的装饰性和耐腐蚀性。玻美夹芯彩钢板强度高、耐冲击、抗震性好。防火等级很高，不含有害人体的石棉成分，表面平滑无气孔。彩钢板多用于实验室中有洁净要求的区域的隔墙和吊顶。作为隔墙时，可于内部填充吸声棉，其隔声牲超越单砖墙，同时具备隔热保温的性能。

缺点：损坏不易修复。

（1）彩钢板施工方法

彩钢板装饰施工顺序：定位放线→打胶安装地槽→打胶安装彩钢板（隔断）→水平后再扣铝槽吊顶→顶板吊筋加固→打胶铆塑料底座贴圆弧→安装送排风口及灯具→撕膜打胶密封（图 2-14）。

（2）材料要求

彩钢板：如果是实验室中的洁净室，所涉及彩钢板主要是对产品质量要求严格，所使

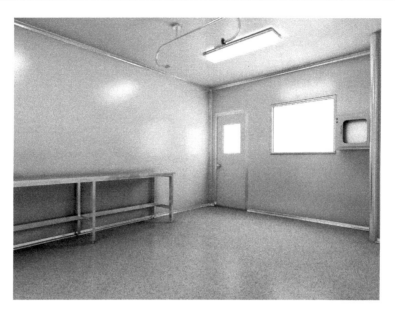

图 2-13 玻镁夹心彩钢板安装完成效果图

图 2-14 彩钢板安装施工

用的材料需安全、环保、无异味，且材料本身无气孔，密封性好。厂家的机加工精度以及技术实力也直接影响所生产彩钢板的品质。

彩钢板配套铝料：彩钢板铝料可以通过两个渠道采购，一是由彩钢板厂家配套提供；

二是在当地相应供应商采购。在当地供应商采购时需要去工厂确认铝料相应的尺寸，以及是否和所购彩钢板相匹配。

（3）安装前检查

作业要求土建主体施工完毕，设备基础及预埋件的强度达到安装条件。

检查现场应具备足够的运输空间及场地，应清理干净彩钢板安装地点，要求无影响设备安装的障碍物及其他管道、设备、设施等。设备和主、辅材料已运抵现场，安装所需机具已准备齐全。

（4）材料订购

材料订购：由于玻镁彩钢板的货期较长，一般板材及铝料货期为2周，彩钢板门为4周。为了使施工不被材料货期影响，在材料统计上必须准确。

彩钢板订购：彩钢板统计工程量时严格按照彩钢板分版图进行。

板材统量时先熟悉图纸及配件尺寸，无论墙板宽窄，订购内墙板时均应按墙板高度吊顶高度—实际地轨高度—实际预留调节高度计算。例如一工程中，洁净室吊顶高度为2500mm，地轨高度为60mm，使用厂家配套40mm天轨，预留调节高度为20mm，则彩钢板的实际订购尺寸为2420mm。对于外墙板，若洁净室外走廊无吊顶，外墙板需立至楼板底，通过预定两种尺寸的板进行拼接；若洁净室外走廊有吊顶，外墙板一般情况下比内墙板多出100mm即可。

标准板订购时按照图纸严格统计，在总量上预留10%即可，对于非标板的分为两种，第一种为一整条墙中做调节用的非标板（图中1号板），第二种为贴近墙板边的调节板（图中2号板），如图2-15。对于1号板，按照图纸实际尺寸订购，按照尺寸进行预留。对于2号板全部按照标准板尺寸订购。若现场工期比较紧张，则彩钢板订购可一次性全部采购，并保证15%左右的余量；若工期比较宽松，则彩钢板需分批次订购，先对外墙板和吊顶板进行订购，再对大面积区域墙板进行订购，最后再对小面积区域的墙板进行订购。

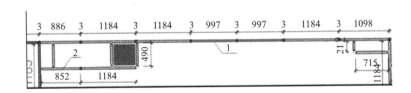

图2-15 彩钢板安装顺序

彩钢板、铝料统计严格按照图纸，工厂加工铝料统一长度为6m，所以在统计工程量时不足6m部分也按6m来统计，且板宽为60cm以下按60cm统计，大于60cm按标准板统计。

（5）施工工艺

①施工操作要点

定位放线：放线前需对现场仔细勘测，按照现场实际土建立柱宽度及土建所预留净空来对图纸进行修改，在与业主协商确认后再进行放线作业。用红外线仪对现场进行放线，先以图纸为准对现场进行十字线放线，保证十字线水平垂直度后，再以十字线为准对整体地面进行放线。需要注意的是，放线需严格根据十字线执行，切不可沿土建墙放线，以保证整体平整性。

②彩钢板围护施工工艺

按施工图地面画线，用水平尺测量确保每面彩板为一条水平线。

按施工图确定墙面标高画线，吊顶标高水平放线。特殊情况特殊处理。

安装隔断墙彩板：根据地面放线固定铝扣槽，把彩钢板放入铝扣槽用线坠将彩板找垂直，彩板顶墙一侧用固定角固定。

安装顶板：将已加工完毕的顶板放在隔断板或 T 字铝上。顶部做吊点用 Φ10 拉圆，每 1.5m（长）、0.8m（宽）加设一个吊点。

阴角处安装圆弧角底座再扣装圆弧角。

接口处安装 1/8 球面、1/4 圆弧及堵头。

净化区所有接口做密封处理。吊顶板在风管保温做完后双面密封。

③彩钢板立板安装工艺

彩钢板立板安装为洁净室建造的重中之重，关系到洁净室整体的美观度以及后续洁净室配套设备的安装方便等。

彩钢板立板的安装顺序以房间面积大小为准，先对整个洁净室的外围墙板进行安装，在外围板安装时应提前预留洁净室内设备通道，或者提前将设备放到相应位置。在完成外围墙板安装后则对洁净室内大面积房间的墙板进行安装，最后再完成小面积房间的隔断。完成大面积房间隔断后需对外围墙板进行保护，保护材料为 2m×1m 的塑胶中空板，将塑胶中空板统一离地面 10cm 处进行粘贴，在施工完全完成后再移除保护，施工过程中如有相关专业需要在板上施工，划线后在中空板上割出相应尺寸孔洞即可。

在墙板安装初始阶段，对每一条隔墙的第一块板要着重处理，彩钢板安装时多数是由第一块板的安装精确度来决定的。所以第一块板在安装后需用红外定位设备及铅垂线对板的垂直度等进行确定，完毕后立即用螺钉固定，再对其他后续墙板进行安装。后续墙板的安装需严格按照彩钢板分版图执行，保证相应尺寸的墙板安装到相应位置。各彩钢板之间接缝保证为 3mm，不可过小或者过大。若安装时缝隙过小，可考虑用相应缝隙尺寸抽芯铆钉卡在缝隙中来控制板缝。

（6）施工需要重点注意事项

彩钢板安装须同水电配合施工。

材料的使用：彩钢板表面无划痕，无开裂，表面应平整、光滑。彩钢板偏差不得大于 1mm。圆弧角不应有扭曲，直线度误差小于 1mm。

彩钢板连接处及铝配件结合处用密封胶密封，密封胶涂敷过程不应有断线、蚕滴、气孔等缺陷。

吊顶吊杆应安装牢固，使吊顶在受荷载后的使用过程中保持平整。

吊顶板安装时及在吊顶上进行其他项目的安装时，吊顶板在室内应用木柱作支撑。待吊顶上安装项目完工、吊顶板加固后再拆除支撑用的木柱。

彩钢板开孔：洁净室彩钢板作为所有洁净室配套设施（风、水、电及工艺管道）的载体，会有很多相应的孔洞需要开凿。孔洞主要分为以下几种：

① 大面积方形孔洞：大面积的方形孔洞多出现在顶板上，在顶板安装期间可根据相应图纸进行开孔。开孔过程中需对图纸进行核对，避免出现低级错误，要求孔洞各边均平行于彩钢板边。可用手锯或曲线锯进行开孔，完成后用铝槽对孔洞进行收边。

② 大面积圆形孔洞：一般常见于通风系统，此类孔洞需相关专业画出开孔线，用曲线锯进行开孔，锯片长度选择 10cm 左右为好，收边则可以考虑用圆形装饰贴片或者是洁净套管来完成。

③ 小面积圆形孔洞：小面积圆孔一般情况下见于管道专业，需用相应尺寸的开孔器完成。若穿板管道需要保温，则需对顶板上下两面保温接缝处用密封胶密封；若穿板管道无需保温，则对洁净套管边缘及穿管处进行密封。

④ 小面积方形孔洞：小面积方孔一般见于立墙板上，多为电气及设备开口，故对位置要求精确，划线后用手磨机来进行。

在工期允许的情况下，彩钢板顶板开孔应全部由厂家来完成。施工方需详细核对现场与图纸，确保每个孔洞的开孔位置与现场相符。

墙面圆弧安装：圆弧安装时主要需注意圆弧底座。圆弧底座在安装时尽量满铺，保证圆弧与立板之间的缝隙均匀。单条圆弧安装时以整条为最佳，长度不够时才考虑拼接，不可在长度小于 6m 的情况下对圆弧进行拼接。圆弧的内外三通要将位置调整好，不可出现凹陷或者接缝过大的现象。

彩钢板撕膜与打胶：在所有内维护配件及相关设备安装完毕后，再对保护中空板进行拆除，清除彩钢板保护膜。对彩钢板接缝处的保护膜用刀片进行割除，清除残余保护膜，保证日后密封胶美观。

保护膜清除完毕后需对现场卫生进行初清理，再对各接缝处用密封胶密封。打胶作业必须选择技术到位的人员。单条密封胶应一次打到位，胶面平整光滑、无凹痕，密封胶整体向下凹陷 1 ~ 2mm 方为合格。

4. 轻钢龙骨石膏板隔墙

优点：有坚固、耐用、抗腐蚀性强、防火、隔热等特点，价格低廉（图 2-16）。

缺点：防水防潮性能不高，不易修复，表面装饰不可贴瓷砖，只能简单抹灰、刷乳胶漆。一般用于办公室或其他不会产生大量水气的实验区域。

（1）技术准备

图纸会审，编制骨架隔墙安装工程施工方案。

对施工班组进行技术、安全交底。

地坪找平层施工完成。

（2）作业条件

主体结构已验收，屋面已做完防水层，顶棚、墙体抹灰已完成。

室内弹出 +100cm 标高线。

作业的环境温度不应低于 5℃。

熟悉图纸，并向作业班组做详细的技术交底。

根据设计图和提出的备料计划，查实隔墙全部材料，使其配套齐全。

安装各种系统的管、线盒及其他准备工作已

图 2-16　轻钢龙骨石膏板隔墙

到位。

先做样板墙一道,经鉴定合格后再大面积施工。

(3)工艺流程

弹线、分档→固定天地龙骨→固定边框龙骨→安装竖向龙骨→安装门、窗框→安装附加龙骨→安装穿心龙骨→检查龙骨安装→电气铺管、安附墙设备→验收墙内各种管线→安装一侧纸面石膏板→填充防火岩棉板→安装另一侧纸面石膏板→接缝及护角处理→质量检验。

弹线、分档。在隔墙与上、下及两边基体的相接处,应按龙骨的宽度弹线,并弹出墙体 200mm 控制线便于验收。要求弹线清楚,位置准确。按设计要求,结合罩面板的长、宽分档,以确定竖向龙骨、横撑及附加龙骨的位置。

固定天地龙骨(图 2-17)。沿弹线位置固定天地龙骨,可用射钉或膨胀螺栓固定,固定点间距应不大于 600mm,龙骨对接应保持平直。射钉打入基体的最佳深度为:混凝土基体为 22 ~ 32mm,砖墙基体为 30 ~ 50mm。

图 2-17　固定天地龙骨

固定边框龙骨。沿弹线位置固定边框龙骨,龙骨的边线应与弹线重合。龙骨的端部应固定,固定点间应不大于 1m,固定应牢固。边框龙骨与基体之间,应按设计要求安装密封条。

安装竖向龙骨应垂直,龙骨间距应按设计布置。竖向龙骨应由墙的一端开始排列,当最后一根龙骨距离墙(柱)边的尺寸大于规定的龙骨间距时,必须增设一根龙骨。竖向龙骨上下端应与沿地、沿顶龙骨用铆钉固定。现场需截断龙骨时,应一律从龙骨的上端开始,冲孔位置不能颠倒,并保证各龙骨冲孔高度在同一水平。

门或特殊节点处,使用附加龙骨,安装应符合设计要求。门框与竖向龙骨连接要根据龙骨类型采取加强措施,如用加强龙骨连接门框,在门洞口加设斜撑。

穿心龙骨间距 1000mm 一道，安装穿心龙骨必须与竖向龙骨的冲孔保持在同一水平上，并卡紧牢固，不得松动。当隔墙高度超过石膏板的长度时，应设水平龙骨，一般有四种连接方式：采用沿地、沿顶龙骨与竖向龙骨连接；用卡托和角托与竖向龙骨连接；用嵌缝条与竖向龙骨连接；用宽 50mm×0.6（或 0.7）mm 镀锌带钢与竖向龙骨连接。

检查龙骨安装：固定件的位置，如隔墙中设置配电盘、消火栓，各种附墙设备及吊挂件均应按设计要求在安装骨架时预先将连接件与骨架连接牢固。有防水要求的房间（如厕所、开水间）施工轻钢龙骨前需浇筑同墙厚 200mm 高 C20 混凝土止水坎。止水坎上表面应平整，两侧应垂直，在止水坎之上施工天地龙骨及竖向龙骨。

电气铺管、安装附墙设备：按图纸要求预埋管道和附墙设备，要求与龙骨的安装同步进行，或在另一面石膏板封板前进行，并采取局部加强措施，固定牢固。电气设备专业在墙中铺设管线时，应避免切断横、竖向龙骨，同时避免在沿墙下端设置管线。

验收墙内各种管线：安装面板前，应检查隔断骨架的牢固程度，门框、各种附墙设备、管道的安装和固定是否符合设计要求。如有不牢固处，应进行加固。龙骨的立面垂直偏差应小于等于 3mm，表面不平整应小于等于 2mm。

安装石膏面板（图 2-18、图 2-19）：石膏板宜竖向铺设，长边（即包封边）接缝应落在竖龙骨上。隔墙为防火墙时，石膏板应竖向铺设；曲面墙所用石膏板宜横向铺设。龙骨两侧的石膏板及龙骨一侧的内外两层石膏板应错缝排列，接缝不得落在同一根龙骨上。石膏板用自攻螺钉固定，竖向螺钉间距为 180mm，水平螺钉间距与竖向龙骨间距一致。两层 12mm 厚石膏板时用长 35mm 螺钉。自攻螺钉在纸面石膏板上固定位置是：离纸包边的板边大于 10mm，小于 16mm，离切割边的板边至少 15mm。安装石膏板时，应从板的中部向板的四边固定，钉头略埋入板内，但不得损坏纸面。钉眼应用石膏腻子抹平。石膏板宜使用整板；如需对接时，应紧靠，但不得强压就位；隔墙下端的石膏板不应直接与地面接触，应留 10～15mm 缝隙，并用密封膏嵌严。隔墙端部的石膏板与周围的墙或柱应留有 3mm 的槽口。施工时，先在槽口处加注嵌缝膏，然后铺板，挤压嵌缝膏使其和邻近表层紧密接触。

图 2-18　安装一侧纸面石膏板

图 2-19　安装另一侧纸面石膏板

安装防火石膏板时，石膏板不得固定在沿顶、沿地龙骨上，应另设横撑龙骨加以固定。隔墙板的下端如用木踢脚板覆盖，罩面板应离地面 20 ~ 30mm；用大理石、水磨石踢脚板时，罩面板下端应与踢脚板上口齐平，接缝严密。湿度较大的房间隔墙应做墙垫并采用防水石膏板。石膏板下端与踢脚间留缝 5mm，并用密封膏嵌严。

铺放墙体内防火岩棉板填充材料，与安装另一侧石膏板同时进行，填充材料应铺满铺平。

接缝及护角处理：纸面石膏板墙接缝做法有三种形式，即平缝、凹缝和压条缝（图 2-20）。一般做平缝较多，可按以下程序处理：纸面石膏板安装时，其接缝处应适当留缝

图 2-20　接缝处理

（一般为 3 ~ 6mm），坡口与坡口必须相接。接缝内浮土清除干净后，刷一道 50% 浓度的 108 胶水溶液。用小刮刀把接缝腻子嵌入板缝，板缝要嵌满、嵌实，与坡口刮平。待腻子干透后，检查嵌缝处是否有裂纹产生，如产生裂纹要分析原因，并重新嵌缝。在接缝坡口处刮腻子。当腻子开始凝固但尚处于潮湿状态时，再刮一道腻子，将玻纤带埋入腻子中，并将板缝填满刮平。阴角的接缝处理方法同平缝。阳角可按以下方法处理：阳角粘贴两层玻纤布条，角两边均拐过 100mm，粘贴方法同平缝处理，表面也用腻子刮平；当设计要求做金属护角条时，按设计要求的部位、高度，先刮一层腻子，随即用镀锌钉固定金属护角条，并用腻子刮平；待板缝腻子干燥后，检查板缝是否有裂缝产生，如发现裂纹，必须分析原因，采取有效的措施加以克服，否则不能进入板面装饰施工。

（4）质量标准

①主控项目

轻钢骨架隔墙所用龙骨、配件、墙面板、填充材料及嵌缝材料的品种性能和木材的含水率应符合设计要求。有隔声、隔热、阻燃、防潮等特殊要求的工程材料应有相应性能等级的检测报告。

轻钢骨架隔墙工程边框龙骨必须与基体结构连接牢固，应平整、垂直、位置正确。

骨架隔墙中龙骨间距和构造连接方法应符合设计要求。骨架内设备管线的安装、门窗洞口等部位加强龙骨应安装牢固、位置正确，填充材料的放置应符合设计要求。轻钢骨架隔墙的墙面板应安装牢固，无脱层、翘曲、折裂及缺损。墙面板所用接缝材料和接缝方法应符合设计要求。

②一般项目

轻钢骨架隔墙表面应平整光滑、色泽一致、洁净、无裂缝，接缝应均匀、顺直。轻钢骨架隔墙上的孔洞、槽、盒应位置正确、边缘整齐。轻钢骨架隔墙内的填充材料应干燥，填充应密实、均匀、无下坠。

（5）成品保护

轻钢骨架隔墙施工中，各工种间应保证已安装项目不受损坏，墙内电线管及附墙设备不移动、错位及损伤。

轻钢龙骨及纸面石膏板入场、存放使用过程中应妥善保管，保证不变形、不受潮、不污染、无损坏。

施工部位已安装的门、地面、墙面等应注意保护，防止损坏。

已安装好的墙体不得碰撞，保持墙面不受损坏和污染。

二、墙面装饰

前面介绍了几种材料的内墙隔断及其施工工艺，接下来介绍内墙墙面装饰。

1）室内腻子、涂料施工

（1）材料准备

抹灰面层找平粉刷石膏（底层）：必须持有产品合格证及检测报告、产品说明书，环保指标达到国家有关标准。

乳胶漆（涂料）：符合设计要求的乳胶漆，应有产品合格证及检测报告、产品说明书，环保指标达到国家有关标准。

腻子：一般室内采用成品非防水腻子现场调制而成，卫生间采用防水腻子。要求腻子必须有合格证、检验报告。完整包装进场后必须见证取样进行试验。

（2）施工准备、腻子饰面作业条件

新抹灰墙面应充分干燥，基层含水率不得大于10%，原墙面面层应刮干净（图2-21）。

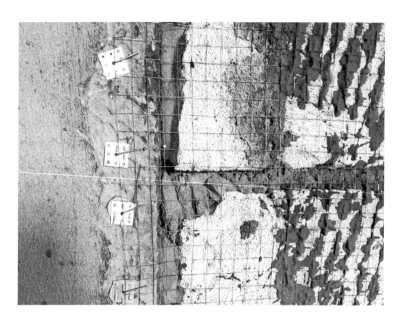

图 2-21　抹灰基层处理

过墙管道、洞口、阴阳角等处应提前抹灰找平修补，并充分干燥。

管道设备试压完毕。

做好样板间并经验收合格。

终层饰面腻子（乳胶漆）应待其他工序全部完成后再进行，以确保墙面等处的干净整洁，一次成功。

本工程所需用的材料、成品、半成品等按照材料的质量标准要求，具备材料合格证书，并进行现场抽样复试检测合格后方可使用。

水暖、通风、空调、设备安装等专业的预留洞已封堵安装完毕。

混凝土顶棚上的支模丝杆铁件割除完毕，结构露筋缺陷已处理，混凝土构件胀缩模处剔除修补到位，防开裂用钢丝网剔除完毕。

墙面（门窗洞口）抹灰已完成并通过隐蔽工程验收，墙面抹灰层完成须经过14天或干燥后，且经交接验收合格后方可进行刮腻子施工。

（3）施工工艺与工艺流程

①工艺流程

墙面刮腻子工艺流程：基层验收（工序交接检验）→基层清理→预留贴脚线上口弹线→满刮腻子一遍→打磨→面层腻子满刮→踢脚线施工→扫尾修头。

乳胶漆施工工艺流程：墙面基层验收（工序交接检验）→基层粉刷石膏找平压入耐碱涂塑玻纤网格布→满刮腻子→打磨→第一遍乳胶漆涂刷→复补腻子→第二遍乳胶漆涂刷→清理修头。

顶棚：基层验收（工序交接检验）→基层清理→结构板底弹线做标点→顶棚四周阴角找平直→顶棚局部粉刷石膏找平→满刮腻子一遍→打磨→面层腻子满刮→打磨→第一遍乳胶漆涂刷→复补腻子→第二遍乳胶漆涂刷→清理修头。

②施工工艺

墙面、顶棚底层处理粉刷石膏时防止裂缝：两种墙体、门窗洞口封堵处、混凝土墙裂缝处压入玻纤网，一次压入200mm宽，两边各100mm，二次压入300mm宽，两边各150mm。所有穿墙（板）管件封堵处、门窗洞口封堵处、混凝土墙裂缝处均加玻纤网，压入300mm。配电箱（柜）背面满压入玻纤网。

基层验收：基层验收时表面要保持平整洁净，无浮砂、油污，表面凹凸太大的部位要先剔平并粉刷石膏补齐，脚手架眼要先堵塞严密并抹平，水暖、通风管道通过墙面或顶棚的管道、开关箱等部位必须用砂浆堵严修平整并清理干净。检查墙面抹灰层是否有空鼓、开裂，墙面的垂直、平整及阴阳角方正是否有缺陷，如有缺陷及时处理改正。

基层清理：首先在找平前要把顶棚上的钉子、钢丝凿除，混凝土的接槎修凿打磨平整，外露的螺钉、铁件用防锈漆进行封闭处理。墙面腻子施工到位。对于结构面误差在0.8cm以上的，要求主体凿平。

顶棚施工前首先要对墙面的浮砂予以清除，对门窗与墙面交接处予以清理。腻子施工前必须在顶棚阴角的墙面上弹好平直控制线，保证四周阴角通顺平直，每个房间必须有五个点控制标高。眼观不得有高差和水波浪现状。墙面上弹出踢脚线的控制线。

顶棚腻子首先按照弹好的控制线对四周阴角和板面高低处用500mm大抹子找平直，如遇高差大于8mm的地方先用粉刷石膏粉多次找平。阴角往顶棚方向找平宽度不小于500mm，所有梁柱阴阳角都用白水泥整角，地下室批灰掺30%～40%白水泥。

顶棚、墙面腻子必须用50mm以上的大板施工，顶棚第一遍腻子厚度控制在2～3mm，平行于房间的长边方向依次进行施工。第二遍面层腻子施工须等底层腻子完全干燥并打磨平整后进行，面层厚度控制在1～2mm。平行于房间的短边方向用大板进行满批，同时待腻子6～7天干时必须用橡胶刮板进行压光修面，来保证面层平整光洁、纹路顺直、颜色均匀一致。

墙面腻子与顶棚腻子施工工艺相同，施工方向不同。墙面腻子二遍厚度控制在2～2.5mm内。第一遍水平方向进行施工，第二遍垂直方向进行施工。

顶棚、墙面腻子严格按照上述施工工艺条进行施工，同时要注意整体施工程序，必须先顶棚后墙面。顶棚与墙面第一道腻子完成打磨后方可进行面层腻子施工，并且面层腻子施工要等到墙面抹灰、楼地面、窗安装工程结束后方能进行施工。

在面层施工时必须有对其他专业的成品保护措施，对已成品的楼地面进行保护（专人管理），门窗边框贴胶带等，严禁交叉污染。窗边阴阳角在面层施工时必须使用尖角的阴阳角抹子压光将顺直，框架柱和框架梁的阳角及柱与梁墙交叉的阴角的部位用塑料三角条粘贴并找顺直、方正。同一楼层、同一房间的门窗阴阳角都需拉通线整角，保持几何尺寸一致。

公共部位乳胶漆施工：基层腻子与顶棚墙面施工程序、做法相同。面层乳胶漆施工严格按照施工工艺进行施工，面层施工必须在相关工种全部完成后方可进行施工。

基层清理应干净，保证腻子粘结牢固。在距阴角150～300mm范围内弹垂直控制墨线，将墨线翻至阴角处弹出阴角粉线，每遍腻子都要弹一遍控制线和粉线。粉线应细而清晰，线宽不超过1mm。底层和面层完成后，阴角采用阴角平刨进行多遍修角。阳角要采用加塑料阳角护角方法；不加护角时，采用铝合金靠尺在阳角两侧面反复倒尺，阴阳角线应达到方正，多道线角交接应清爽，汇集于一点。涂料涂刷应用细毛刷按同方向均匀涂刷，经常接触的室内墙面阳角等部位应采用定制弧形阳角抹子，做成圆弧阳角。

（4）质量保证措施

墙面材料必须选用经当地主管部门备案产品，并有合格证书和性能检测报告，必须按规定取样复检并执行见证取样的规定。

墙面工程应严格遵循国家验收规范及工程质量防止通病措施。

墙面施工人员、特殊作业人员必须持证上岗。

技术人员对易发生问题部位及细部节点措施，向操作者详细交底。

墙面工程完工后，用小锤轻击，并做钢尺和观察检查。

（5）质量标准

①腻子、涂料饰面质量标准

腻子：阴阳角要方直不超过1.5mm，表面平整亮滑，墙面横平竖直，垂直度不大于2mm，平整度不大于1mm，颜色要一致，无流坠、皱皮等现象（图2-22）。

图2-22　批腻子

②涂料饰面质量标准

a. 主控项目

溶剂型涂料涂饰工程所选用的涂料品种、型号和性能应符合设计和国家、行业现行规范规定的标准要求（表2-1）。

溶剂型涂料涂饰工程的颜色、光泽、图案符合设计要求。

溶剂型涂料涂饰工程应涂饰均匀、粘结牢固，不得漏刷、起皮和返锈。

溶剂型涂料涂饰工程的基层处理应满足：新建筑物的混凝土或抹灰基层应在涂饰前刷抗碱封闭底漆。

所选用涂料、胶粘剂等材料必须有产品合格证及总挥发性有机物（TVOC）和游离甲醛、苯含量检测报告。

b. 一般项目（表2-1）

涂料饰面质量要求 表2-1

序号	项目	质量要求	检验方法
1	颜色	均匀一致	观察
2	光泽、光滑度	光滑、光泽均匀一致	观察、手摸、触感
3	刷纹	无刷纹	观察
4	裹棱、流坠、皱皮	不允许	观察
5	装饰线、分色同线、直线度允许偏差（mm）	2mm	拉5m线，用钢直尺检查
6	平整度	1mm	2m，靠尺
7	垂直度	1mm	2m，靠尺

（6）验收要求

在施工过程中，严格按照"三检制"实施。

施工单位自检需认真负责，施工现场设专职质量检查员，持证上岗。

施工单位自检完成后，需填写自检单报项目施工部，由项目施工部报请质检部，合格后质检部报请项目监理部，报验过程中严禁跨级报验。

对于重大工序、重要工序、局部重要部位及分项工程完工，尚需报请政府主管部门、监理单位验收。

严禁未经过验收进行下道工序。

报验未合格的，需认真重视，抓紧时间进行整改，整改合格后再按照程序报验。

工程所需用的材料、成品、半成品等按照材料的质量标准要求，都要具备材料合格证书并进行现场抽样复测检测，且须有复检检测报告。

（7）涂料饰面质量通病防治

涂料工程基体或基层的含水率：混凝土和抹灰表面施涂水性和乳液薄涂料时，含水率不得大于10%。

涂料工程使用的腻子应坚实牢固，不得粉化、起皮和裂纹。卫生间等需要使用涂料的部位和木地（楼）板表面需使用涂料时，应使用具有耐水性能的腻子。

透底：产生的主要原因是漆膜薄，因此刷涂料时除应注意不漏刷外，还应保持涂料的浓度，不可加水过多。

接槎明显：涂刷时要上下顺刷，后一排笔紧接前一排笔。若间隔时间稍长，就容易看出接头，因此大面积施涂时，应配足人员，互相衔接好，喷涂要一致。

刷纹明显：乳液薄涂料的稠度要适中，排笔蘸涂料量要适当，涂刷时要多理多顺，防止刷纹过大。

分色线不齐：施工前应认真按标高找好并弹划好粉线，刷分色线时要挑选技术好、有经验的油工来操作，例如要会使用直尺，刷时用力要均匀，起落要轻，排笔蘸量要适当，脚手架要通长搭设，从前向后刷等。

涂刷带颜色的涂料时，配料要合适，保证每间或每个独立面和每遍都用同一批涂料，并宜一次用完，确保颜色一致。

2）内墙瓷砖铺贴

（1）内墙瓷砖铺贴施工技术要求

瓷砖材料的品种、规格、颜色和花纹应符合设计要求或甲方要求。

镶贴瓷砖的基体，应具有足够的强度、稳定性和刚度。

瓷砖应镶贴在平整粗糙的基层上。光滑的基体或基层表面镶贴前应处理，残留的砂浆、尘土和油渍应清净。

瓷砖镶贴应表面平整，竖面垂直，缝隙对齐，不空鼓、不缺棱掉角，并用与瓷砖相同的颜料进行嵌缝。

采购来的瓷砖应表面光洁、质地坚硬、尺寸一致、色泽一致，不得有暗痕和裂纹，吸水率不大于10%。

拌制砂浆用水泥宜用普通硅酸盐水泥，水泥强度等级不得低于42.5。拌制用水应采用干净的饮用水。

砖墙基体应用水湿透后，用1:3水泥砂浆打底，木抹子搓平，隔天浇水养护。

混凝土基体应先用1:1水泥细砂砂浆（内掺20%建筑胶）喷或甩到混凝土基层上，作"毛化处理"。待其凝固后，用1:3水泥砂浆打底，木抹子搓平，隔天浇水养护。

镶贴前应先检查瓷砖尺寸是否一致，不一致时则要进行选砖，再将瓷砖浸水吸饱后，再捞起静放，然后铺贴。

非整砖应排在次要部位，或阴角处或墙脚处或门扇后。阳角的瓷砖应事先进行割角，即插角铺贴。

瓷砖宜采用1:1水泥细砂砂浆粘贴，砂浆厚度一般为6～10mm，可掺入适量的石灰膏以改善砂浆的保水性。

镶贴时如遇突出的水管、插座盒或其他卫生设备的支承等，应用整砖套割即挖洞镶贴，不得用非整砖拼凑镶贴。镶贴瓷砖前必须找准标高，垫好底尺，确定水平位置及垂直竖向标志，挂线镶贴。

瓷砖嵌缝后，及时将面层残存水泥砂浆擦拭干净，做好成品保护。

瓷砖墙面的允许偏差：立面垂直为2mm，表面平整度为2mm，阴阳角方正为2mm，接缝平直为1mm，上口平直为2mm，接缝高低差为0.5mm。

瓷砖镶贴应牢固不空鼓，对于合格等级同一墙面不得大于5%，对于优良等级不得大于2%。

正式镶贴前，应先让班组做一个样板间，待建设、监理、施工三方共同验收通过后，方可正式施工。

（2）施工工艺

①作业准备

完成墙顶抹灰，墙面、地面防水层和混凝土垫层施工。

做好内隔墙和水电管线，堵好管洞、脚手架孔。

装妥窗扇及玻璃，立好门框，窗台板也应安装好。

需要安装洗面器托架、镜钩等附墙面设备应预埋防腐木砖，位置要准确。

室内较高需搭设架时，架杆等应离开门窗、墙角，距墙面 150 ~ 200mm。

②选砖

内墙砖经常需要近距离观看，应严格检验表面质量。

剔出有表面缺陷、色差、规格偏差过大的砖。

可以用金属棒轻敲砖的背面，声音沙哑的可能有夹层或裂纹。

可以自制套砖器，检查、分选瓷砖。分选时把瓷砖的四边分别插入套砖器，大小误差不超过 1mm 的分为一组，铺贴在同一墙面上。

③瓷砖裁切

最好使用切割机裁切瓷砖，以保证切口整齐。

手工裁切，使用合金钢刀在釉面划痕，用钳子掰成两半，边缘稍加研磨也可达到效果。

④瓷砖加工

贴砖墙面有管线等突出物，需要镶嵌吻合。可以用钳子沿砖边一点点地掰出所需形状，最好再打磨一下，形成所需形状。

⑤瓷砖浸水

瓷砖铺贴前，应浸水 2 小时，取出晾干表面浮水后使用（图 2-23）。

图 2-23　瓷砖铺贴前浸水

⑥贴标块

先用托线板检查墙体平整，垂直程度，确定抹灰厚度，一般为 10 ~ 15mm，最薄处不应少于 7mm。

在高约 2m，距两边角 100 ～ 200mm 处，分别做标块，通常为 50mm×50mm（或直径 70mm）。

根据上面两个标块，用挂垂线做下面两个标块，位于踢脚线上口。

在标块外侧，钉上钉子，钉子上拉横线，线距标块表面 1mm，根据拉线做中间标块。厚度与两端标块一样，标块间距为 1.2 ～ 1.5m。

在门窗口垛角处均应做标块。

标块砂浆与底灰砂浆相同。

墙面高于 3m 时，应两人一起挂线贴标块。一人在架子上，吊线垂，另一人站在地面根据垂直线调整下标块的厚度。

⑦设标筋，亦称冲筋

墙面浇水润湿后，在上下、左右两个标块之间抹一层宽度为 100mm 左右的水泥砂浆，稍后，再抹第二遍凸起成八字形，应比标块略高。

上下方向为竖筋，水平方向为横筋。

标筋所用砂浆与底灰相同。

⑧搓平标筋

用木板两端紧贴标块左右上下来回搓动，直至将标筋与标块搓到一样平为止（图 2-24）。

图 2-24　设标筋

操作前，应检查木板有无受潮变形，若变形应及时修理，以防标筋不平。

⑨抹底灰

先薄抹一层，用刮板、木抹子搓平。再抹第二遍，与标筋找平。

抹灰的时间必须掌握好。过早，标筋较软容易损坏；过晚，标筋干透了，抹灰时看似齐平，底灰干后会低。

砖墙：先浇水润湿，分层抹 1 : 3 水泥砂浆底灰。

水泥墙面：先刷一道 10% 的 107 胶水，再分层抹 1 : 3 水泥砂浆底灰。

预制板墙：先刷一道 20% 的 107 胶水，再分层抹 1 : 4 水泥砂浆。

抹灰后，表面扫毛或划出横向纹道，24 小时浇水养护。

⑩排砖

按设计要求和墙面实测尺寸计算排列，如砖缝宽度无具体要求，可按 1 ~ 1.5mm 计算。

非整砖应尽量排在阴角或次要部位。

墙裙铺砖，上收口边应将压条计算在内。

有阴阳角等配件时，应将其尺寸计算在内。

⑪瓷砖配件

部分品牌款式的瓷砖，厂家生产有配件瓷砖，包括压条、阳角、阴角、转角等，用户购买时应根据需要选用。

使用配件砖，可以使转角衔接自然、圆滑、美观。

如没有合适的配件砖，墙面阳角处要尽量使用瓷砖自然边对接。

⑫弹线垫底尺

墙面基层符合贴砖要求后，可用墨斗弹线，作为贴砖标准。

每隔 2 ~ 3 块砖的距离吊垂直，弹垂直竖线。

距地面约 50mm 处，用水平尺找平弹线，作为底尺上口的标准。

水平线下垫底尺（木尺板），防止在水泥硬化前贴砖下坠。底尺要垫平稳，可用水平尺核对。

墙面两侧贴定位砖（标准砖），厚度 5 ~ 7mm，以此作为贴砖基准。

在两端定位砖之间拉控制线，保证每行贴砖水平，同时控制墙面的平整度。

⑬贴砖

润湿找平层。

瓷砖背面均匀抹满灰浆，以控制线为标准铺贴，用十字卡控制砖缝宽度。用木把或皮锤轻轻敲实，挤出并刮下多余的灰浆，发现砖下亏灰应重新抹满灰铺贴。

照此方法逐层向上铺贴，贴好几块后，检查平整度，调整缝隙，及时擦净砖面。

连续铺贴多层时，要等下一层的灰浆硬化后继续，防止贴砖下坠。

铺贴 12 小时后，敲击砖面检查，发现有空鼓应重新铺设。

⑭填缝剂填缝

铺贴 24 小时后，用清水冲洗砖面并擦净，开始填缝。

最好使用填缝剂填缝，其特点是颜色的固着力强、耐压耐磨、不碱化、不收缩、不粉化，不但改变了瓷砖缝隙脱落、粘结不牢的毛病，而且使缝隙的颜色和瓷砖相配，显得统一协调，相得益彰。

（3）墙砖铺贴常见问题

敲击墙面有空鼓声，甚至瓷砖脱落。

基层干燥或润湿不够，贴砖后砂浆失水过快，粘结力降低。

瓷砖干燥或浸水不够，贴砖后砂浆失水过快，粘结力降低。

基层不平整，铺贴时砂浆薄厚不匀，干燥收缩不一致。

瓷砖浸泡后未晾干，未清除砖面浮土，铺贴后产生浮动下坠。

施工时砂浆不饱满形成空鼓。

砂浆过厚，反复敲打，使砂浆水分上浮，减弱了砂浆粘结力。

砂浆凝固后移动砖面纠偏、调整砖缝，粘结力降低。

墙面砖出现裂缝。

瓷砖质量差、材质松脆、吸水率大，因受潮膨胀，使砖的釉面产生裂纹。

铺贴时砂浆过厚，水泥凝固收缩引起釉面砖变形、开裂。

铺贴施工中，敲击砖面过重，砖体和釉面产生隐伤。

运输和装卸时，受到剧烈振动，砖体和釉面产生隐伤。

寒冷地区冬季施工，瓷砖或砂浆内的水分结冰，造成砖体和釉面冻裂。

（4）验收要求

必须牢固，空鼓率在3%以内。无歪斜、缺棱掉角和裂缝等缺陷。墙砖铺粘表面要平整、色泽协调，图案安排合理，无变色、泛碱、污痕和显著光泽受损处。砖块接缝平直、宽窄均匀、颜色一致，阴阳角处搭接方向正确。非整砖使用部位适当，排列平直。预留孔洞尺寸正确、边缘整洁。用靠尺检查平整度，立面垂直误差小于2mm，接缝高低偏差小于0.5mm，平直度小于2mm。

应认真剔选，对有暗伤、掉角、缸楞、翘曲变形的瓷砖都应剔除。

砂浆的使用应估量准确，对于已上墙的瓷砖，若发现空鼓现象应重贴。

第二节 地面工程

实验室地面一般选用环氧树脂地坪（环氧树脂平涂型地坪、环氧树脂自流平地坪、防静电环氧树脂平涂地坪、防静电环氧树脂自流平地坪）、抛光砖地面以及PVC胶地板等。

平涂型环氧树脂地坪涂装系统平坦无缝、耐磨耐压、耐酸耐碱、防水耐油、抗冲击力强、抗化学药品、防潮止滑。

环氧树脂自流平地坪是用无溶剂环氧树脂材料经过专业施工而成的高密度、高亮光、抗压耐磨、抗酸碱、抗老化、免维护、环保节能型的高端环氧树脂地坪，被广泛使用于许多洁净工厂、无尘车间、无菌车间等地面装饰（图2-25）。

防静电环氧自流平地坪是针对精密电子、精密仪器、精密仪表等生产场所的特殊要求，使用环氧树脂防静电地坪施工，能有效地降低精密电子产品成品的返修率和耗损，在生产过程中降低携带低压静电对精密电子产品的危害。

1. 环氧树脂地坪

（1）环氧自流平地板处理、施工工序

基底处理→底涂→中涂层→自流平面涂层（图2-26、图2-27）。

图2-25 环氧自流平地板基层处理

图 2-26 中涂层施工

图 2-27 面涂层施工

（2）技术准备

复核结构与建筑标高差是否满足各构造层的总厚度及找坡的要求，按照设计要求进行施工测量放样，对施工人员进行培训。

（3）材料准备

采用的原材料及成品应进行进场验收，严格按照项目材料管理规定组织进场。

专职质检人员应组织材料的进场复检，涉及安全、功能的原材料及成品按规定进行复验，并经监理工程师（建设单位技术负责人）见证取样、送检。保证项目的材料质量，并保证材料的正常供应，满足施工要求，避免停工待料。

（4）作业条件

施工图纸已交底。

进场材料报验已合格，监理同意使用。

基层已经做好并验收合格。

施工机具设备良好、齐全。

安全环保交底已进行。

（5）施工方法及控制要点

①基面处理

做好基面处理后，将地面的残渣、粉尘使用大功率工业吸尘器吸净。

配好料后，及时送往施工工地，由施工人员进行馒刮。

②中涂施工

依照正确比例将主剂和硬化剂充分混合均匀，迅速送往施工区域。

采用锯齿馒刀将混合好的材料均匀涂抹保持平整。

中涂面化后，视实际情况按上一道工序再涂一次。

达到下一次施工标准后，方可施工下道工序。

由于地面坡度小，中涂施工时需进行找坡。

③面涂施工

依照正确比例将主剂和硬化剂充分混合均匀，迅速送往施工区域。

采用锯齿镘刀将混合好的材料均匀涂抹保持平整，表面不容许有肉眼可见的杂质。

面涂必须是一次性完工，而且前后须连续衔接，以免材料表面接近固化而无法流平。

（6）职业安全级环境保护

操作人员必须持上岗证，并防止意外伤害，配备防毒面具等保证职业健康的劳保防护用品，防止有害气体对人体的伤害。

施工立体交叉频繁，进入现场的人员必须戴安全帽，避免作业环境导致物体打击事故。

清理地面时，清理出的垃圾、杂物等不得从窗口、阳台扔出。剔凿地面时，要防止碎屑崩入眼内。在夜间压光地面时，现场照明应符合施工现场安全用电有关规定，电动工具使用前，检查运转情况，合格后方准使用。用稀酸溶液除锈时，操作人员应加强防护，防止酸液迸溅，伤害身体。

作业环境中，材料堆放整齐，拆除的包装袋应及时清理，放在指定的地方。材料运输过程中要采取防撒防漏措施，如有撒漏应及时清理。现场水泥不露天堆放，砂等材料要有防尘覆盖措施，易燃易爆材料采取妥善措施保管。施工现场备足满足消防要求的灭火器等消防设施。

施工时必须做到工完场清，建筑垃圾堆放在指定地点。

（7）成品保护

地面操作过程中注意对其他专业设备的保护，如地面管线不得随意移位，地漏内不得有砂浆等。

面层做完之后养护期内严禁进人。施工完成，24小时后方可进入，72小时后方可重压。

铺贴好的地面应立即封闭现场，在明显部位挂禁止入内的警示标志。

在已完工的地面上进行油漆、电气、暖卫专业工序时，注意不要碰坏面层、油漆，浆活施工不要污染面层。

先做地面面层，后进行墙面抹灰时，要特别注意对面层进行覆盖，并严禁在面层上拌和砂浆和储存砂浆。

木门口必须安装铁护口，防止推灰小车撞坏门口。

粘污在门口和墙面上的砂浆等应及时清扫干净。

地面铺设的水暖立管、电线管等，在抹地面时要保护好，不得碰撞。

对地漏、出水口等部位安装的临时堵口要保护好，以免灌入杂物，造成堵塞。

（8）施工注意事项

施工前通过实验确定施工工艺参数、施工样板间，符合要求后方可大面积施工。

面层分仓时，分仓缝的一部分应与垫层的伸缩缝对齐。

当垫层、找平层内埋设暗管时，管道应稳固。

环氧树脂地坪受空气相对湿度影响较明显，雨天或相对湿度太大的时候禁止施工。

地面与整体道床衔接做法：为防止交接处出现不均匀裂缝，在地面与整体道床衔接处切假缝，缝宽5mm，深10cm。

（9）环氧树脂地坪的验收标准

环境温度为 25℃时，施工后 2～3 天应达到实干，即硬度达到完成固化的 80% 左右。

表面不能出现发黏现象。

气泡：平涂型、砂浆型无气泡，自流平允许 1 个小气泡 /10m^2。

流平性好，无镘刀痕，大面积接口处基本平整。

无浮色发花，颜色均匀一致，大面积接口处允许有极不明显的色差。

无粗杂质，但允许有空气中的浮尘掉落所造成的极小缺陷。

地坪表面应平整平滑，光泽度应达到设计要求有光 ≥ 70，平涂型为有光（图 2-28）。

2. PVC 地板胶

优点包括环保安全、应用广泛、接缝小、耐磨、耐刮擦、高弹性、抗冲击、防滑、防水、吸音等。一些性能优异的 PVC 地板表面还特殊增加了抗菌

图 2-28　环氧树脂自流平地面

剂，地板表面经过特殊的抗菌处理，对多数细菌都有较强的杀灭能力和抑制细菌繁殖的能力，可用于无菌室、手术室等洁净等级较高的场所（图 2-29）。

图 2-29　PVC 地板效果图

缺点包括价格较高，对基层平整度要求高，非天然材料，怕利器划伤。

（1）工艺流程

基层处理→自流平→打磨→弹线→试铺→刷胶→铺贴塑料地面→焊线。

①基层处理

PVC地板胶对基层平整度要求高，可能要做局部找平层。地面基层为水泥砂浆抹面时，表面应平整（其平整度采用2m直尺检查时，其允许空隙不应大于2mm）、坚硬、干燥、无油及其他杂质。地面基层处理完之后，必须将基层表面清理干净，在自流平施工前不得进其他工序人员操作（图2-30）。

图2-30　基层处理

②自流平

自流平水泥按说明书定量加水调制，注意调和次数，并用5mm刮尺刮平。

③弹线

在房间长、宽方向弹十字线，应按设计要求进行分格定位，根据PVC地板规格尺寸弹出板块分格线。如房内长、宽尺寸不符合板块尺寸倍数时，应沿地面四周弹出加条镶边线，一般距墙面200～300mm为宜。板块定位方法一般有对角定位法和直角定位法。

④试铺

在铺贴塑料板块前，按定位图及弹线应先试铺，并进行编号，然后将板块掀起按编号码放好，将基层清理干净。

⑤刷胶

基层清理干净后，先刷一道薄而均匀的地板专用胶。待其干燥后，按弹线位置沿轴线由中央向四面铺贴。胶粘剂在使用前应对材料进行检查，有无出厂合格证和出厂日期，而后在筒内搅拌均匀。如发现胶中有胶团、变色及杂质时，不能使用。

⑥铺贴PVC地面

塑料卷材铺贴：预先按已计划好的卷材铺贴方向及房间尺寸裁料，按铺贴的顺序编号，刷胶铺贴时，将卷材的一边对准所弹的尺寸线，用压滚压实，要求对线连接平顺，不卷不翘。然后依以上方法铺贴。

（2）施工工艺过程注意事项

①地坪检查

使用温度湿度计检测温湿度，室内温度以及地表温度以 15℃ 为宜，不应在 5℃ 以下及 30℃ 以上施工。宜于施工的相对空气湿度应介于 20% ～ 75% 之间。

使用含水率测试仪检测基层的含水率，基层的含水率应小于 3%。

基层的强度不应低于混凝土强度 C20 的要求，否则应采用适合的自流平来加强强度。

用硬度测试仪检测结果应为基层的表面硬度不低于 1.2MPa。

②地坪预处理

采用 1000W 以上的地坪打磨机配适当的磨片对地坪进行整体打磨，除去油漆、胶水等残留物，凸起和疏松的地块、有空鼓的地块也必须去除。

用不小于 2000W 的工业吸尘器对地坪进行吸尘清洁。

对于地坪上的裂缝，可采用不锈钢加强筋以及聚氨酯防水型黏合剂表面铺石英砂进行修补。

③自流平施工——打底

吸收性的基层如混凝土、水泥砂浆找平层应先使用多用途界面处理剂按 1∶1 比例兑水稀释后进行封闭打底。

非吸收性的基层如瓷砖、水磨石、大理石等，建议使用密实型界面处理剂进行打底。

如基层含水率过高（＞3%）又需马上施工，可以使用环氧界面处理剂进行打底处理，但前提是基层含水率不应大于 8%。

界面处理剂施工应均匀、无明显积液。待界面处理剂表面风干后，即可进行下一步自流平施工。

④自流平施工——搅拌

将一包自流平按照规定的水灰比倒入盛有清水的搅拌桶中，边倾倒边搅拌。

为确保自流平搅拌均匀，须使用大功率、低转速的电钻配专用搅拌器进行搅拌。

搅拌至无结块的均匀浆液，将其静置熟化约 3 分钟，再短暂搅拌一次。

加水量应严格按照水灰比（请参照相应的自流平说明书），水量过少会影响流动性，过多则会降低固化后的强度。

⑤自流平施工——铺设

将搅拌好的自流平浆料倾倒在施工的地坪上，它将自行流动并找平地面，如果设计厚度 ≤ 5mm，则需借助专用的齿刮板稍加批刮。

随后应让施工人员穿上专用的钉鞋，进入施工地面，用专用的自流平放气滚筒在自流平表面轻轻滚动，将搅拌中混入的空气放出，避免气泡麻面及接口高差。

施工完毕后请立即封闭现场，5 小时内禁止行走，10 小时内避免重物撞击，24 小时后可进行 PVC 地板的铺设。

冬季施工，地板的铺设应自自流平施工 48 小时后进行。

如需对自流平进行精磨抛光，宜在自流平施工 12 小时后进行。

⑥地板的铺装——预铺及裁割

无论是卷材还是块材，都应于现场放置 24 小时以上，使材料记忆性还原，温度与施工现场一致。

图 2-31　PVC 地板的铺设施工

使用专用的修边器对卷材的毛边进行切割清理。

块材铺设时，两块材料之间应紧贴并没有接缝。

卷材铺设时，两块材料的搭接处应采用重叠切割，一般是要求重叠 3cm。注意保持一刀割断。

⑦地板的铺装——粘贴（图 2-31）

选择适合 PVC 地板的相应胶水及刮胶板。

卷材铺贴时，将卷材的一端卷折起来。先清扫地坪和卷材背面，然后刮胶于地坪之上。

块材铺贴时，请将块材从中间向两边翻起，同样将地面及地板背面清洁后上胶粘贴。

不同的贴合剂在施工中要求会有所不同，具体请参照相应产品说明书进行施工。

⑧地板的铺装——排气、滚压

地板粘贴后，先用软木块推压地板表面进行平整并挤出空气。

随后用 50 或 75kg 的钢压辊均匀滚压地板并及时修整拼接处翘边的情况。

地板表面多余的胶水应及时擦去。

24 小时后，再进行开槽和焊缝。

⑨地板的铺装——开缝

开槽必须在胶水完全固化后进行。使用专用的开槽器沿接缝处进行开槽，为使焊接牢固，开缝不应透底，建议开槽深度为地板厚度的 2/3。

在开缝器无法开刀的末端部位，使用手动开缝器以同样的深度和宽度开缝。

焊缝之前，须清除槽内残留的灰尘和碎料。

⑩地板的铺装——焊缝

可选用手工焊枪或自动焊接设备进行焊缝。

焊枪的温度应设置于约 350℃左右。

以适当的焊接速度（保证焊条熔化），匀速地将焊条挤压入开好的槽中。

在焊条半冷却时，用焊条修平器或月型割刀将焊条高于地板平面的部分大体割去。

当焊条完全冷却后，再使用焊条修平器或月型割刀把焊条余下的凸起部分割去。

（3）地板的清洁、保养（图 2-32）

根据厂方推荐的方法，选用相应的清洁剂进行定期的清洁保养。

应避免甲苯、香蕉水之类的高浓度溶剂及强酸、强碱溶液倾倒于地板表面，应避免使用不适当的工具和锐器刮铲或损伤地板表面。

（4）相关工具

地坪处理：地表湿度测试仪、地表硬度测试仪、地坪打磨机、大功率工业吸尘器、羊毛滚筒、自流平搅拌器、30L 自流平搅拌桶、自流平齿刮板、钉鞋、自流平放气筒。

地板铺设：地板修边器、割刀、2m 钢尺、胶水刮板、钢压辊、开槽机、焊枪、月型割刀、

图 2-32　PVC 地板清洁保养

焊条修平器、组合划线器。

（5）塑料地板（PVC 地板）的施工验收标准——料板面层

塑料板面层应采用塑料板块材、塑料板焊接、塑料卷材以胶粘剂在水泥类基层上铺设。

水泥类基层表面应平整、坚硬、干燥、密实、洁净、无油脂及其他杂质，不得有麻面、起砂、裂缝等缺陷。

胶粘剂选用应符合现行国家标准《民用建筑工程室内环境污染控制规范》（GB 50325-2010）的规定。其产品应按基层材料和面层材料使用的相容性要求，通过试验确定。

（6）施工控制

①主控项目

塑料板面层所用的塑料板块和卷材的品种、规格、颜色、等级应符合设计要求和现行国家标准的规定。

检验方法：观察检查和检查材质合格证明文件及检测报告。面层与下一层的粘结应牢固、不翘边、不脱胶、无溢胶。具体采用观察检查和用敲击及钢尺检查。

卷材局部脱胶处面积不应大于 $20cm^2$，且相隔间距不小于 50cm 可不计，凡单块板块料边角局部脱胶处且每自然间（标准间）不超过总数的 5% 者可不计。

②一般项目

塑料板面层应表面洁净、图案清晰、色泽一致，接缝严密、美观。

拼缝处的图案、花纹吻合、无胶痕，与墙边交接严密，阴阳角收边方正。

板块的焊接，焊缝应平整、光洁，无焦化变色、斑点、焊瘤和起鳞等缺陷，其凹凸允许偏差为 ±0.6mm。焊缝的抗拉强度不得小于塑料板强度的 75%。

镶边用料应尺寸准确、边角整齐、拼缝严密、接缝顺直。

3. 瓷砖地板

瓷砖的性能：表面易于清洁，表面平整光亮；耐磨程度好；防火；档次高；使用年限长等；缺点是保温隔热性差，热得快、凉的更快，铺装成本高，铺装复杂、施工繁琐，不防滑，防腐性能不如PVC（图2-33）。

图2-33　瓷砖铺贴地面

（1）瓷砖地板施工技术要求

①工艺流程

基层清理→贴灰饼→标筋→铺结合层砂浆→弹线→铺砖→压平拔缝→嵌缝→养护。

②铺砖形式

一般有"直行"、"人字形"和"对角线"等铺法。按施工大样图要求弹控制线，弹线时在房间纵横或对角两个方向排好砖，其接缝宽度不大于2mm。当排至两端边缘不合整砖时（或特殊部位），量出尺寸将整砖切割或用镶边砖。排砖确定后，用方尺规方，每隔3 ~ 5块砖在结合层上弹纵横或对角控制线。

③铺设

将选配好的砖清洗干净后，放入清水中浸泡2 ~ 3小时后取出晾干备用。结合层做完弹线后，接着按顺序铺砖。铺砖时应抹垫水泥湿浆，按线先铺纵横定位带，定位带各相隔15 ~ 20块砖，然后从里往外退着铺定位带内地砖，将地面砖铺贴平整密实。

④压平、拔缝

每铺完一个段落，用喷壶略洒水，15分钟左右用木锤和硬木拍板按铺砖顺序锤拍一遍，不得遗漏，边压实边用水平尺找平。压实后拉通线抚纵缝后横缝进行拔缝调直，使缝口平直、贯通。调缝后再用木锤拍板砸平，即将缝内余浆或砖面上的灰浆擦去。上述工序必须连续作业。

⑤嵌缝、养护

铺完地面砖两天后，将缝口清理干净，洒水润湿，用水泥浆抹缝、嵌实、压光，用棉纱将地面擦拭干净，勾缝砂浆终凝后，宜铺锯末洒水养护不得少于7天。

⑥材料要求

水泥标号不低于 325 号，砂浆强度不低于 M15，稠度 2.5 ～ 3.5cm，块材符合现行国家产品标准及规范规定的允许偏差。

⑦施工要点

基层充分清理，清水冲洗，防止找平层起壳、空鼓。

找平层施工前做好标高控制塌饼，找平层采用 1∶2 水泥砂浆，表面抹光，平整度不大于 5mm。

在墙面内粉时应保证地面阴角为直角。

块体地面施工前先要弹线分块，按弹线粘贴。

粘贴材料应按设计要求，建议采用专用粘贴剂（如 JCTA 粘结剂）。

做好保护、养护工作。

（2）瓷砖地板施工注意事项

①计算需要的砖的数量

这个环节很重要，购买地砖按照实际地面需铺设地砖面积乘以 1.03，然后用这个面积除以所选购地砖的实际大小。这样计算好就不会造成很多浪费。

②精选瓷砖

区分等级：瓷砖分为优等品、一等品、二等品、三等品和等外品五个级别。选购时注意瓷砖与包装箱标识、色号是否一致，产品合格证、商标和质检标签是否清晰。

规格尺寸：规范的尺寸不仅有利于施工，更能保证装修效果。一般尺寸误差应小于 0.5mm，平整度小于 0.1mm，四个角为直角，无凹凸、鼓突、翘角等缺陷。

图案：好砖花纹、色泽图案清晰，工艺细腻，无明显漏色、错位断线或深浅不一的现象。

色差：同一品种、同一型号的瓷砖，好的产品应色差小、色调基本一致、色泽鲜艳照人。

釉面：釉面应均匀、平整、光洁、亮丽。表面如有颗粒、不光洁、颜色深浅不一、厚薄不均甚至凹凸不平者为次品。

硬度及吸水率：瓷砖上品一般硬度良好、韧性强、不易破碎，铺贴后长时间不龟裂、不变形、不吸污。吸水率大的瓷砖密度稀疏、耐久性差、易吸油、脏色不易清理，这样就破坏了表面效果。

防滑性：瓷砖上滴一些水，脚感越涩防滑性越好，特别是卫生间易有水区域的瓷砖须特别注意这一点。

（3）地砖铺设（图 2-34）

地砖铺设一般分为干铺和湿铺两种。地砖干铺与湿铺不同之处在于铺设时所用的材料不同，程序也有区别。地砖干铺：水泥加沙子洒水搅拌均匀，成干湿状的干性水泥砂浆（干湿稠度以用手捏成团不松散为宜）。预先垫铺一层水泥砂浆（使用 1∶3 干性水泥砂浆），按照水平线摊铺平整，把砖放在砂浆上用木质锤振实，进行排摸。取下地面砖浇抹水泥浆，再把地面砖放实振平即可。

地砖湿铺：水泥加沙子加水搅拌均匀，成湿状的水泥砂浆。铺设之前先沿墙面弹出地面标高线，然后在房间四周做灰饼（灰饼是泥工粉刷或浇筑地坪时用来控制建筑标高及地面的平整度、垂直度的水泥块）。灰饼表面应比地面标高线低一块地砖的厚度，铺设地砖时边铺砂浆边铺地砖，最后用橡皮锤敲平拔缝。

图 2-34　瓷砖地板施工

下面以干铺为例，讲解下施工工艺。

①基层处理

清理基层：如地面上有污物，一定要清理干净，否则水泥砂浆与基层粘结不牢。基层浇水湿润后，除去浮沙、杂物。这样可以使地面基层平整，地砖铺设后不容易产生空鼓、开裂等情况。

②弹线、预铺

弹线：施工前在墙体四周弹出标高控制线，在地面弹出十字线，以控制地砖分隔尺寸。

预铺：首先应在图纸设计要求的基础上，对地砖的色彩、纹理、表面平整等进行严格的挑选，然后按照图纸要求预铺。对于预铺中可能出现的尺寸、色彩、纹理误差等进行调整、交换，直至达到最佳效果。瓷砖按铺贴顺序堆放整齐备用。

③铺贴、找平

铺地砖之前，先在基层表面均匀抹素水泥浆一道（用 1:2.5 体积比），水泥加沙子洒水搅拌均匀，呈干湿状的干性水泥砂浆（干湿稠度，用手捏成团不松散为宜）。用大杆把水泥砂浆刮平，再用抹子拍实，找平层厚度宜高出地砖底面标高水平线 2～3mm。

④排模

铺地砖要先外围后里面。一般房间应先里后外沿控制线进行铺设，即先从远离门口的一边开始，按照试拼编号依次铺设，逐步退至门口。如地面有坡度排水，应做好找坡。返水坡度为 2m 内高度差应在 5mm 左右，并做出基准点，接基准点水平通线进行铺设。

要用水平仪测试水泥浆沙土的水平度。把切好的瓷砖放上（没有加水泥的地砖），用小木锤子敲打，再次用水平仪测量此时的水平度，如果不水平就要掀开地砖，铺平沙土重新测量。铺设时用木质锤敲击地砖，使其与地面压实，并且高度水平一致，对高的部分用橡皮锤敲平，低的部分应取出地砖用砂浆垫高做平。不可以在一开始就把背面的地砖涂上水泥，如果不水平就很难修改。

⑤铺砖

水平仪找平：地砖铺设过程中，始终要用到水平仪进行找平测量，经过水平仪测量水平高度一致，可以使铺设完成后的地砖美观平整。水平仪的液体水珠在中间表示测量位置是水平的。

水平测试在铺砖过程中要反复进行，在找平过程中要用水平仪测试水泥浆的水平高度及平整度，排摸的时候也需要用水平仪测试新排摸的砖与已经铺设好的地砖的水平高度的一致性。这些步骤都完成后才可以把砖的背面涂上调合好的水泥涂料。最后把砖放到已经排摸好的相应位置上，用小锤子由外向内敲打地砖四周和中心。

小锤子敲打的目的是增加地面与地砖的粘结度，使地砖更加稳固平实。

刚铺上的地砖，放上十字卡以保持砖与砖的距离，使距离看上去均衡。塑料卡子就是铺砖时用的那个十字卡，十字卡的使用是为了保证瓷砖间的缝隙均匀。瓦工师傅在铺砖的时候需要给瓷砖之间保留间距，用十字卡隔开瓷砖就能保证瓷砖间的间距一致，这样再用勾缝剂勾出的缝隙就会均匀美观。

放踢脚板的要注意，为了放踢脚板而预留的地砖与墙面垂直距离，预留出不到 1cm 的距离即可，预留距离不宜过大，以能够让踢脚板遮盖住这个距离为宜。如果踢脚板的厚度小于预留距离会影响美观。

⑥勾缝

最后用勾逢剂勾逢，一般勾缝的时间在贴砖 24 小时后，即地砖干固之后。勾缝时间太早，将会影响所贴瓷砖，造成高低不平或者松动脱落。地砖勾缝时要注意缝隙的深浅，不仅墙砖的间距要一致，勾出缝隙的深浅也要保持一致，不可以有太大的差距。

勾缝剂：白水泥的替代产品，用白水泥勾缝，因为热胀冷缩和空气湿度的原因，过 1 ~ 2 年就会逐渐脱落。勾缝剂是一种单组分水泥基聚合物改性干混合砂浆，有持久、防水、耐压的特点。

⑦清洁与防水处理

施工过程中随干随清，地砖全部铺设完工后（一般宜在 24 小时之后）再用棉纱等物对地砖表面进行彻底清理。

⑧防水处理

卫生间应有流水坡度，不积水，水不倒流。施工中可能会破坏原防水层，须做防水处理，积水 12 小时试验无渗漏。

（4）质量检验

用眼：地板砖铺好，待粘结层干后，目测地面。铺好后的地面应颜色均匀，表面平整洁净，横竖缝互相垂直，且缝隙均匀，缝间填灌物不溢不凹，整体感很强，横平竖直。每块砖的边缘都应该对齐，没有偏差。需要拼花的，图案要完整清晰，纯色的要求色差不宜过大。

用手：在相邻两块砖之间用手轻轻抚摸，若铺设质量好，则两块砖的高度应该一致，否则会有明显的高低落差。

用耳：手敲击或人在上面走动不会有空洞的响声，也不应有材料之间的碰撞声。用手轻扣地砖中心地带，若声音较闷，则说明里面有明显的空心地带，这很可能是在施工的时候偷工减料造成，导致下面的空间没有用水泥全部填满，这样会给日后的使用造成很大的隐患。如能达到上面所提标准,可大致估计铺设质量为合格。

(5)瓷砖铺贴中的问题

贴砖水泥是否标号越大越好?标号越大,抗压、抗拉强度越好。贴砖一般用325就可以了。标号太高,容易将砖拉裂。

铺墙砖、铺地面地砖、安装门框门套、装踢脚线,刷墙,该怎样排列?先安装门框后铺墙砖,把油漆底子刷好,再铺地板砖。安装好踢脚线,最后刷墙漆。

墙砖为什么不宜作地砖?严格地讲,墙瓷砖属于陶制品,地砖通常是瓷制品。它们的物理特性不同,两者从选黏土配料到烧制工艺都有很大区别。墙砖吸水率约为10%左右,比吸水率只有1%的地面砖要高出数倍。卫生间的地面应铺设吸水率低的地面砖,因为地面会常常用大量的清水洗刷,这样瓷砖才能不受水汽的影响,不吸纳污渍。

无论瓷砖属于"无缝砖"还是"圆边砖"铺贴的时候都必须进行留缝处理。主要原因如下:

瓷砖有热胀冷缩问题:瓷砖及粘贴瓷砖的水泥砂浆都会存在热胀冷缩的问题。在温度或湿度改变的过程中,瓷砖及水泥砂浆都会存在一定的伸缩,如果不留缝的话,会导致瓷砖在后期使用的过程中出现起鼓或者开裂。

瓷砖存在误差:尽管瓷砖现在都是机械化生产,但是在产品生产的过程中,会存在一定的尺寸误差(误差过大就属于产品的质量问题)。如果不留缝的话,瓷砖铺贴时容易出现接缝不平整,影响瓷砖的美观。

工人施工时存在误差:瓷砖的铺贴属于熟练程度非常高施工项目。工人在整个铺贴的过程中,不可能完全做到铺贴每片砖的时候都没有误差,工人在不同情况铺贴的瓷砖,效果都会有差异。如果不留缝的话,同样很难保证瓷砖的接缝的平直,影响瓷砖的铺贴质量。

(6)地面玻化砖工程容易出现的质量问题及预防措施(表2-2):

地面玻化砖工程容易出现的质量问题及预防措施 表2-2

质量通病	原因分析	预防措施
板块空鼓	基层处理不干净,结合不牢,结合层砂浆太稀; 基层干燥,水泥砂浆刷不均匀,或已干结合层砂浆未压实;水泥砂浆中水泥掺量太少;板块铺后,养护期没结束,就上人踩踏;面板没有用水浸泡	基层应彻底处理干净,并用水冲洗干净,然后晾至没有积水为止; 采用干硬性砂浆,砂浆应搅拌均匀、拌熟,绝不能用稀砂浆; 铺砂浆前先湿润基层,水泥砂浆刷不后,随即就铺结合层,结合层的砂浆应拍实、揉平、搓毛;水泥砂浆中水泥掺量要达到规范要求; 面板铺贴前,应将板面浸泡后晾干浇水泥素浆正式铺贴,定位后,将板块均匀轻击压实养护期内禁止上人
接缝高低差较大	板材的厚度不均匀,板块角度偏差大; 操作时检查不严,未严格按拉线对准; 养护期内上人,存放或移动重物	挑砖时要认真仔细,剔出不合格者,对厚薄不均匀的板材加以注明,使施工人员施工时注意控制; 采用试铺方法,浇浆时稍厚一些,板块正式落位后用水平尺骑缝搁置在相邻的板块上直到板面齐平为止; 养护期内,禁止上人及存放或移动重物
板块有色差	材料进场时验收不严; 施工前没进行预铺或预铺不仔细	加强材料进场验收; 施工前必须先仔细进行预铺,有色差的板块坚决不用

续表

质量通病	原因分析	预防措施
板缝观感较差	板缝没有灌缝或有遗漏； 灌缝的色浆与瓷砖面板的颜色不同	瓷砖铺贴后的第二天，必须进行灌缝，用素泥浆灌缝 2/3 高度； 灌缝用的色浆必须用与大理石面板颜色相同的水泥浆进行擦缝，擦缝不遗漏
踢脚线接缝高低差严重	基层不平； 板材厚度不均匀； 操作时检查不严，未严格按规范施工	踢脚线施工前先检查基层面，不平整的及时调整到位； 踢脚线施工前，必须先检查板材的厚度，确保使板材厚薄均匀一致； 踢脚线铺贴前，先进行预铺，确保踢脚线的上口及各种造型倒角为同一水平标高，同时剔出不合格者
阴阳角处未 45° 对接	施工人员质量意识差，施工偷巧； 质量检查不仔细	施工前加强对施工人员的质量意识教育，技术交底全面； 质量员检查质量必须及时、仔细、严格
板块接缝宽度大小不一，相邻的两块错缝严重	材料进场检查不仔细； 板块的尺寸不对，超过规范要求； 施工时没进行弹线控制	加强材料进场时的验收把关，对板块的尺寸、方正均仔细核验，不合格的全部剔除； 施工前，应按设计要求的板块尺寸进行弹线控制

4. 其他有特殊要求的铺贴

1）大理石及花岗石铺贴

（1）大理石铺贴技术要求

①工艺流程

基层清理→弹线→试排→试拼→扫浆铺水泥砂浆结合层→铺板→灌缝→擦缝→养护。

②弹线

根据墙面水平基准线，在四周墙面上弹出面层标高线和水泥砂浆结合层线。同时按照板材大小尺寸、纹理、图案、缝隙在干净的找平层上弹控制线，由房间中心向边缘进行。

③试拼、试排

一般方法是在房间地面纵、横两个方向铺两略宽于板块的干砂带（砂厚 30mm），根据施工大样图拉线较正方正度并排列好。核对板块与墙边、柱边门洞口的相对位置，检查接缝宽度不得大于 1mm。有拼花图案的应编号。对于较复杂部位的整块面板，应确定相应尺寸，以便于切割。

④铺结合层

砂浆应采用干硬性的，相应的砂浆强度为不低于 M15。先洒水湿润基层，然后刷水灰比为 0.5 的水泥素浆一遍。刷铺砂浆结合层，用刮尺压实赶平，再用木抹子搓揉找平。铺完一段结合层即安装一段面板。结合层与板块应分段同时铺砌。

⑤铺板

镶贴面板一般从中间向边缘展开，再退至门口。有镶边和大厅独立柱之间的面板则应先铺，必须将预拼、预排、对花和已编号的板材对应入位（图 2-35）。

铺镶时，板块应预先用水浸湿，晾干无明水方可铺设。

拉通线将板块跟线平稳铺下，用木锤或橡皮锤垫木块轻击，使砂浆振实，缝隙平整满足要求后，揭开板块，进行找平，再浇一层水灰比为 0.45 的水泥素浆正式铺贴，轻轻锤击，

图 2-35　大理石铺贴施工

找直找平。铺好一条及时用靠尺或拉线检查各项实测数据。如不符合要求，应揭开重铺。

⑥灌缝、擦缝

板块铺完养护 2 天后，在缝隙内灌水泥砂浆擦缝，有颜色要求的应用白水泥加颜料调制。灌浆 1～2 小时后，用棉纱蘸色浆擦缝，粘附在板面上的浆液随手用湿纱头擦拭干净。并铺上干净湿润的锯末养护，喷水养护不少于 7 天（3 天内不得上人）。

⑦材料

水泥标号不低 425 号，块材：技术等级、光泽度、外观等质量符合现行国家标准《天然大理石建筑板材》《天然花岗岩建筑板材》等有关规定，并同时应符合块料允许偏差。

（2）花岗石地面铺贴操作工艺流程

准备工作→试拼→编号→弹线→刷水泥浆结合层→铺砂浆→铺花岗石块→灌缝、擦缝→打蜡

①准备工作

熟悉图纸：以施工大样图和加工单为依据，熟悉了解各部位尺寸和作法，弄清洞口、边角等部位之间的关系。

基层处理：将地面垫层上的杂物清净，用钢丝刷刷掉粘结在垫层上的砂浆并清扫干净。

②试拼

在正式铺设前，对每一房间的花岗石板块，应按图案、颜色、纹理试拼。试拼后按两个方向编号排列，然后按编号码放整齐。

③弹线

在房间的主要部位弹互相垂直的控制十字线，用以检查和控制花岗石板块的位置，十字线可以弹在混凝土垫层上，并引至墙面底部。并依据墙面 +50 线，找出面层标高在墙上弹上水平线，注意要与楼道面层标高相一致。

在房间内的两个相互垂直的方向，铺两条干砂，其宽度大于板块，厚度不小于 3cm。

根据试拼结果及施工大样图结合房间尺寸，把花岗石板块排好，以便检查板块之间的缝隙，核对板块与墙面、柱、洞口等部位的相对位置。

④刷水泥浆结合层

在铺砂浆之前再次将混凝土垫层清扫干净（包括试排用的干砂及花岗石块），然后用喷壶洒水湿润，刷一层素水泥浆（水灰比为0.5左右，随刷随铺砂浆）。

⑤铺砂浆

根据水平线，定出地面找平层厚度，拉十字控制线，铺找平层水泥砂浆（找平层一般采用1:3的干硬性水泥砂浆，干硬程度以手捏成团不松散为宜）。砂浆从里往门口处摊铺。铺好后用大杠刮平，再用抹子拍实找平。找平层厚度宜高出大理石面层标高水平线3～4mm。

⑥铺花岗石块

一般房间应先里后外沿控制线进行铺设，即先从远离门口的一边开始，按照试拼编号，依次铺砌，逐步退至门口。铺前应将板预先浸湿阴干后备用，先进行试铺，对好纵横缝，用橡皮锤敲击木垫板（不得用橡皮锤或木锤直接敲击石板），振实砂浆至铺设高度后，将花岗石掀起移至一旁。检查砂浆上表面与板块之间是否相吻合，如发现有空虚之处，应用砂浆填补，然后正式镶铺。先在水泥砂浆找平层上满浇一层水灰比为0.5的素水泥浆结合层，再铺花岗石，安放时四角同时往下落，用橡皮锤或木锤轻击木垫板，根据水平线用铁水平尺找平，铺完第一块向两侧和后退方向顺序镶铺。花岗石板块之间接缝要严，一般不留缝隙。

⑦擦缝

在铺砌后1～2昼夜进行灌浆擦缝。根据花岗石颜色选择相同颜色矿物颜料和水泥拌合均匀调成1:1稀水泥浆，用浆壶徐徐灌入花岗石块之间缝隙（分几次进行），并用长把刮板把流出的水泥浆向缝隙内喂灰。灌浆1～2小时后，用棉丝团蘸原稀水泥浆擦缝，与板面擦平，同时将板面上水泥浆擦净。然后面层以覆盖保护。

⑧打蜡

当各工序完工不再上人时方可打蜡，达到光滑洁净。

冬期施工注意事项

原材料和操作环境温度不得低于5℃，不得使用有冻块砂子，板块表面不得有结冰现象。如室内无取暖和保温措施不得施工。

（3）踢脚板工艺流程

①粘贴法

找标高水平线并确定出墙厚度→水泥砂浆打底→贴大理石踢脚板→擦缝→打蜡。

根据主墙抹灰厚度吊线确定踢脚板出墙厚度，一般为8～10mm。

用1:3水泥砂浆打底找平并在面层划纹。

找平层砂浆干硬后，拉踢脚板上口的水平线，把湿润阴干的大理石踢脚板的背面，刮抹一层2～3mm厚的素水泥浆（宜加10%左右的107胶）后，往底灰上粘贴，并用木锤敲实，根据水平线找直。

24小时后用同色水泥浆擦缝，将余浆擦净。

与大理石地面同时打蜡。

②灌浆法

找标高水平线并确定出墙厚度→拉水平通线→安装踢脚板→灌水泥砂浆→擦缝→打蜡。

根据主墙抹灰厚度吊线确定踢脚板出墙厚度，一般为 8 ~ 10mm。

在墙两端各安装一块踢脚板，其上楞高度在同一水平线内，出墙厚度一致。然后沿二块踢脚板上楞拉通线，逐块依顺序安装，随时检查踢脚板的水平度和垂直度。相邻两块之间及踢脚板与地面、墙面之间用石膏稳牢。

2）地毯铺设施工

根据不同的实验室要求，有的实验室需要地面铺装地毯（图 2-36）。例如一些地毯内部还有很细的金属丝，其作用是为了防静电，金属丝能把地毯与行人摩擦产生的静电及时导走。这样的地毯一般用在对电气指标要求较高的实验室，以免静电破坏实验设备。

图 2-36 地毯铺设

（1）材料要求

地毯：品种、规格、颜色、花色、胶料和铺料及其材质必须符合设计要求和国家现行地毯产品标准的规定。

倒刺板：顺直、倒刺均匀，长度、角度符合设计要求。

胶粘剂：所选胶粘剂必须通过实验确定其适用性和使用方法。污染物含量低于室内装饰装修材料胶粘剂中有害物质限量标准。

（2）主要机具设备

根据施工条件，应合理选用适当的机具设备和辅助用具，以能达到设计要求为基本原则，兼顾进度、经济要求。

常用机具设备：裁毯刀、裁边机、地毯撑子、手捶、角尺、直尺、熨斗等。

（3）作业条件

材料检验已经完毕并符合要求。

应已对所覆盖的隐蔽工程验收合格，并进行验收会签。

施工前，应做好水平标志，以控制铺设的高度和厚度，可采用竖尺、拉线、弹线等方法。

对所有作业人员进行技术交底，特殊工种必须持证上岗。

作业时的环境如天气、温度、湿度等状况应满足施工质量可达到标准的要求。

水泥类面层（或基层）表面层已验收合格，其含水量应在 10% 以下。

（4）地毯施工流程

检验地毯质量→技术交底→准备机具设备→基底处理→弹线套方、分格定位→地毯剪裁→钉倒刺板条→铺衬垫→铺地毯→细部处理收口→检查验收。

（5）操作工艺

基层处理：把沾在基层上的浮浆、落地灰等用錾子或钢丝刷清理掉，再用扫帚将浮土清扫干净。如条件允许，用自流平水泥地面找平为佳。

弹线套方、分格定位：严格依照设计图纸对各个房间的铺设尺寸进行度量，检查房间的方正情况，并在地面弹出地毯的铺设基准线和分格定位线。活动地毯应根据地毯的尺寸，在房间内弹出定位网格线。

地毯剪裁：根据放线定位的数据，剪裁出地毯，长度应比房间长度大 20mm。

钉倒刺板条：沿房间四周踢脚边缘，将倒刺板条牢固钉在地面基线上，倒刺板条应距踢脚 8 ～ 10mm。

铺衬垫：将衬垫采用点粘法粘在地面基层上，要离开倒刺板 10mm 左右。

铺设地毯：先将地毯的一条长边固定在倒刺板上，然后将另一端固定在另一边的倒刺板上，掩好毛边到踢脚板下。一个方向拉伸完，再进行另一个方向的拉伸，直到四个边都固定在倒刺板上。在边长较长的时候，应多人同时操作，拉伸完毕时应确保地毯的图案无扭曲变形。

铺活动地毯时应先在房间中间按照十字线铺设十字控制块，之后按照十字控制块向四周铺设。大面积铺贴时应分段、分部位铺贴。如有图案要求时，应按照设计图案弹出准确分格线，并做好标记，防止差错。

当地毯需要接长时，应采用缝合或烫带粘结（无衬垫时）的方式，缝合应在铺设前完成，烫带粘结应在铺设过程中进行，接缝处应与周边无明显差异。

细部收口：地毯与其他地面材料交接处和门口等部位，应用收口条做收口处理。

（6）质量标准

①主控项目

地毯表面应平服，拼缝处缝合粘贴牢固、严密平整、图案吻合。

检验方法：依《建筑地面工程施工质量验收规范》（GB 50209—2010）。

②一般项目

地毯面层不应起鼓、起皱、翘边、卷边、显拼缝和露线，无毛边，绒面毛顺光一致，毯面干净，无污染和损伤。

地毯同其他面层连接处、收口处和墙边、柱子周围应顺直、压紧。

（7）注意事项

①作业环境

周边环境应干燥、无尘。室内已处于竣工交验结束。

②地毯起皱、不平的原因

基层不平整或地毯受潮后出现膨胀；地毯未牢固固定在倒刺板上或倒刺板不牢固；未将毯面完全拉伸至抻平，铺毯时两侧用力不匀或粘结不牢。

③毯面不洁净的原因

铺设时刷胶将毯面污染；地毯铺完后未做有效的成品保护，受到外界污染。

④接缝明显的原因

缝合或粘合时未将毯面绒毛理顺，或是绒毛朝向不一致，地毯裁割时尺寸有偏差或不顺直。

⑤图案扭曲变形的原因

拉伸地毯时，各点的力度不均匀，或不是同时作业造成图案扭曲变形。

⑥不合格

凡检验不合格的部位，均应返修或返工纠正，并制定纠正措施，防止再次发生。

（8）成品保护

地毯进场应尽量随进随铺，库存时要防潮、防雨、防踩踏和重压。

铺设时和铺设完毕应及时清理毯头、倒刺板条段、钉子等散落物，严格防止将其铺入毯下。

地毯面层完工后应将房间关门上锁，避免受污染破坏。

后续工程在地毯面层上需要上人时，必须带鞋套或者是专用鞋，严禁在地毯面上进行其他各种施工操作。

（9）地毯铺设容易出现的质量问题及预防措施（表2-3）

地毯铺设容易出现的质量问题及预防措施　　　　表2-3

质量通病	原因分析	预防措施
显拼缝，收口不顺直	接缝的绒毛未做处理； 收口处未弹线，收口条不平直； 接缝前，两块地毯的花饰未拼接	地毯接缝处用弯针做绒毛密实的结合； 收口处先弹线，收口条沿线钉直； 有花饰的地毯，拼接前必须先检查接缝处两边的花饰是否能拼接完整，不能完全统一的，必须予以调整
翻边卷边	地毯固定不牢； 地毯粘接不牢	所有的墙边、柱边应钉好倒毛刺，固定好地毯； 粘结固定地毯时，选用优质的地板胶，刷胶均匀，铺贴后压平拉实
表面不平整，有起鼓皱褶现象	地毯打开时，出现起鼓现象，但未卷回头，重新铺展地毯施工时，推张松紧不均，铺设不平伏，出现松弛状况； 墙柱边的倒毛刺未能抓住地毯，致使地毯出现波浪状，产生皱褶	地毯打开时，出现起鼓现象，立即卷回头再重新平稳展开，保证表面平坦； 铺地毯时，必须用膝撑逐段逐行推张地毯，使之即拉紧又平伏于地面并随即固定，防止松懈； 墙角处的地毯应剪裁合适，压进墙边，并用扁铲敲打，与墙边的倒毛刺粘接牢固
花饰不对	施工前盲目操作，没认真研究地毯的花纹图案； 地毯规格与房间的规格不相符，为了降低材料损耗，搭接时马虎	地毯铺贴前应仔细观察，有花饰的地毯铺贴拼接与裁割要恰当，接缝处用烫带细心粘结，并将接缝碾压密实，不能搭接或错缝； 根据铺设面积，合理选购材料，对于花饰的地毯必须留有余量

质量通病	原因分析	预防措施
颜色不一致	地毯的材料不好，易褪色； 存放太久，表面有花斑、颜色不统一； 基层潮湿或在日光暴晒	选用不易褪色的地毯； 必须等基层干燥后才铺贴地毯； 地毯进场严格检查质量，存放时间长、表面有花斑、色相不统一的剔除不用
地毯发霉	基层潮湿； 铺设的环境潮湿	基层应做防潮处理或等基层干燥后才铺帖； 环境潮湿的房间应选购不易发霉的地毯

第三节　吊顶天棚工程

实验室吊顶一般选用 PVC 扣板吊顶、石膏板吊顶（PVC 贴面石膏板、异型石膏）、矿棉吸音板吊顶、铝扣板吊顶，玻镁夹芯彩钢吊顶等。

1. 轻钢龙骨石膏板吊顶

特点：施工方便、快捷，按需组合，灵敏划分空间，重量轻，强度能满足使用要求，装饰效果好，费用低，常用于干燥的区域。

（1）材料要求

石膏板：材质、规格及质量性能指标符合设计及规范要求。品牌经过业主认可。

龙骨：龙骨采用原厂产品配套镀锌龙骨，符合国标《建筑用轻钢龙骨》GB11981-2008，承载龙骨不低于要求，双面镀锌量不少于 $120g/m^2$（图 2-37）。

图 2-37　吊顶龙骨

零配件：镀锌钢筋吊杆、射钉、镀锌自攻螺钉。

（2）施工的相关条件

吊顶工程施工前应熟悉施工图纸及设计说明。

施工前应按设计要求对空间净高、洞口标高和吊顶内管道、设备及其支架标高进行交接检查。

吊顶内管道、设备的安装及水管试压进行验收，确定好灯位、通风口及各种明孔口位置，并核对吊顶高度与其内设备标高是否影响。

检查所用的材料和配件是否准备齐全；在安装龙骨之前必须完成墙面的作业项目；搭设好顶棚施工的操作平台架子。

石膏板龙骨吊顶在大面积施工前，应做样板间，对顶棚的起拱度、灯槽、通风口的构造处理，分块及固定方法等应经试装并经鉴定合格后方可大面积施工。

（3）施工工艺：

基层处理→弹线→安装吊杆→安装主龙骨→安装边龙骨→安装次龙骨→成品保护→分项验收→批验收。

基层清理：吊顶施工前将管道洞口封堵处以及顶上的杂物清理干净。

测量放线：根据每个房间的水平控制线确定图示吊顶标高线，并在墙顶上弹出吊顶龙骨线作为安装的标准线，以及在标准线上划好龙骨分档间距位置线。

安装吊筋：根据施工图纸要求和施工现场情况确定吊筋的大小和位置，吊筋加工要求钢筋与角钢焊接，其双面焊接长度不小于 4cm，并将焊渣清除干净。在吊筋安装前必须先刷防锈漆。安装吊筋焊接角钢一般为 L40×4，吊筋采用 Φ8 镀锌钢筋。顶棚骨架安装顺序是先高后低。角钢打孔后用膨胀螺栓固定在结构顶板上的，一般所用的膨胀螺栓规格为Φ8。吊点间距 1200mm。安装时上端与预埋件焊接或者用膨胀螺栓固定牢固，下端套丝后与吊件连接。套丝一般要求长度为 10cm，以便于调节吊顶标高和起拱，并且安装完毕的吊杆端头外露长度不小于 3mm。

安装主龙骨：吊顶采用 U50 主龙骨，吊顶主龙骨间距为 600mm，沿房间长向安装，同时应起拱（房间跨度的 1/500）。端头距墙 300mm 以内。安装主龙骨时，将主龙骨用吊挂件连接在吊杆上，拧紧螺丝，要求主龙骨连接部分要增设吊点，用主龙骨接件连接，接头和吊杆方向也要错开。并根据现场吊顶的尺寸，严格控制每根主龙骨的标高。随时拉线检查龙骨的平整度，不得有悬挑过长的龙骨（图 2-38）。

图 2-38　主龙骨安装施工

安装副龙骨：副龙骨间距为 400mm，两条相邻副龙骨端头接缝不能在一条直线上。副龙骨采用其相应的吊挂件固定在主龙骨上。副龙骨分为 U50 型龙骨，根据吊顶的造型进行叠级安装，将副龙骨通过挂件吊挂在大龙骨上，注意在吊灯、窗帘盒、通风口周围必须加设副龙骨。

安装横撑龙骨：在两块石膏板接缝的位置安装 U50 横撑龙骨，间距 1200mm。横撑龙骨垂直于副龙骨方向，采用水平连接件与副龙骨固定。石膏板接头处必须增设横撑龙骨。

石膏板安装：石膏板应在自由状态下固定，长边沿纵向龙骨铺设，自攻钉间距有纸包封边为 10 ~ 15cm，切割边为 15 ~ 20cm，自攻钉间距为 15 ~ 17cm。自攻钉头略埋入板面，刷防锈，按设计要求处理板接缝。

（4）质量标准

①主控项目

轻钢龙骨和石膏板的材质、品种、式样、规格应符合设计要求。

轻钢骨架的吊杆，大、中、小龙骨安装必须位置正确，连接牢固，无松动。

罩面板应无脱层、无翘曲、无折裂、缺棱掉角等缺陷，安装必须牢固。

②一般项目

整面轻钢龙骨架应顺直、无弯曲、无变形，吊挂件、连接件应符合产品的组合要求。

罩面板表面平整、洁净、颜色一致，无污染、生锈等缺陷。

③允许偏差项目（表 2-4）

允许偏差项目　　　　　　　　　　　　　　　　表 2-4

项次	项类	项目	允许偏差（mm）	检验方法
			纸面石膏板	
1	龙骨	龙骨间距	2	尺量检查
2		龙骨平直	3	尺量检查
3		起拱高度	3	拉线尺量
4		龙骨四周水平	5	尺量或水准仪检查
1	罩面板	表面平整	2	用 2m 靠尺检查
2		接缝平直	3	拉 5m 线检查
3		接缝高低	1	用直尺或塞尺检查
4		顶棚四周水平	5	拉线或用水准仪检查

（5）成品保护措施

龙骨骨架及罩面板安装应注意保护顶棚内各种管线。轻钢骨架的吊杆、龙骨不准固定在通风管道及其他设备件上。

轻钢龙骨、罩面板以及其他材料在进场入库存放、使用过程中应严格管理，保证不变形、不受潮、不生锈等。

施工顶棚部位已安装的门窗、窗台板、墙面、地面注意成品保护，防止污损。

已安装完的骨架上不得上人踩踏，其他工种不得随意固定在挂件或龙骨上。

为了保护成品，罩面板安装必须在顶棚管道、试水、保温等一切工序全部验收后进行。图 2-39 为石膏板吊顶完成后的效果图。

图 2-39　石膏板吊顶

（6）施工注意的质量问题

吊顶龙骨必须牢固、平整：可利用吊杆或吊筋螺栓调整拱度。安装龙骨时应严格按水平标准线和规方线组装周边骨架。受力节点应安装严密、牢固，保证龙骨的整体刚度。龙骨的尺寸应符合设计要求，纵横拱度均匀，互相适应。吊顶龙骨应严禁有硬弯，如有则必须调直再进行固定。

吊顶面层必须平整：施工前应拉线，中间按平线起拱。长龙骨的接长应采用对接，相邻龙骨接头要错开，避免主龙骨倾斜。龙骨安装完毕，经检查合格后安装石膏板。吊件必须安装牢固，严禁松动变形。龙骨分割的几何尺寸必须符合设计要求。石膏板的品种、规格应符合设计要求，外观质量必须符合材料技术标准的规格。

大于 3kg 重型灯具、电扇及其他重型设备严禁安装在吊顶工程的龙骨上。

高处作业应符合《建筑施工高处作业安全技术规范》JGJ80 — 2011 的相关规定，脚手架搭设应符合有关规范要求。现场用电应符合应符合《施工现场临时用电安全技术规程》JGJ46 — 2012 的相关规定。

（7）安全环保措施

吊顶工程的脚手架搭设应符合建筑施工安全标准。

脚手架上堆料量不得超过规定载荷，跳板应用铁丝绑扎固定，不得有探头板。

顶棚高度若超过3m应设满堂红脚手架，跳板下应安装安全网。

工人操作应戴安全帽，高空作业应系安全带。

有噪声的电动工具应在规定的作业时间内施工，防止噪声污染、扰民。

施工现场必须工完场清，废弃物应按环保要求分类堆放及消纳。

2．PVC板吊顶

优点：材质重量轻、防水、防潮、防虫蛀，表面花型和颜色变化多，且耐污染、好清洗，有隔音、隔热的性能。

缺点：即便加了耐火材料，防火等级仍然不能达到消防等级要求。易老化，使用寿命短。

（1）材料准备

PVC板、30×50龙骨、25×25龙骨、铝压缝条、吊杆、膨胀螺栓、圆钉。

（2）作业条件

安装完顶棚内的各种管线及通风道，确定好灯位、通风口及各种露明孔口位置。

各种材料全部配套备齐。

PVC板安装前应做完墙、地湿作业工程项目。

搭好顶棚施工操作平台架子。

对木龙骨进行防腐处理。

（3）工艺流程

弹线→安装主龙骨吊环→安装30×50龙骨→安装25×25龙骨→刷防锈漆→封PVC板。

（4）操作方法

弹线：根据楼层标高水平线，用尺竖向量至顶棚设计标高。沿墙、柱四周弹顶棚标高水平线，并沿顶棚的标高水平线，在墙上划好龙骨分档位置线。

安装主龙骨吊杆：在弹好顶棚标高水平线及龙骨位置线后，确定吊杆下端头的标高，按主龙骨位置及吊挂间距，将吊杆无螺栓丝扣的一端与楼板预埋钢筋连接固定。吊杆中距横向500mm，纵向500mm。

安装30×50龙骨：配装好吊杆螺母。在龙骨上预先安装好吊挂件。安装龙骨，将组装吊挂件的大龙骨，按分档线位置使吊挂件穿入相应的吊杆螺栓，拧好螺母，龙骨设于条板纵向接缝处。龙骨相接，采用绑条连接，用圆钉固定，拉线调整标高起拱平直。安装洞口附加龙骨，按照图集相应节点构造设置连接卡固件。窗洞口采用20mm厚细木工板加工成窗帘盒，外刷白色油漆两道，边龙骨固定在窗帘盒上。钉固边龙骨，采用圆钉固定，设计无要求时圆钉间距为1000mm。

安装25×25木龙骨：在30×50主龙骨底部用25×25木龙骨制成500mm的正方形木格，主龙骨与次龙骨之间采用圆钉固定。

刷防锈漆：轻钢骨架罩面板顶棚，碳钢或焊接处未做防腐处理的表面（如预埋、吊挂件、连接件、钉固附件等），在交工前应刷防锈漆。此工序应在封矿棉板前进行。

封PVC板：PVC面层用白攻螺钉固定。

（5）质量标准

龙骨和罩面板的材质、品种、式样、规格应符合设计要求。

龙骨的吊杆、龙骨安装必须位置正确，连接牢固，无松动。

PVC板应无脱层、翘曲、折裂、缺棱掉角等缺陷，安装必须牢固。

龙骨应顺直、无弯曲、变形；吊挂件、连接件应符合产品组合要求。

PVC板表面平正、洁净、颜色一致，无污染等缺陷。

PVC板接缝形式符合设计要求，拉缝和压条宽窄一致，平直、整齐，接缝应严密；龙骨必须进行防腐处理。

（6）成品保护

龙骨及罩面板安装应注意保护顶棚内各种管线。龙骨的吊杆、龙骨不准固定在通风管道及其他设备件上。

龙骨、罩面板及其他吊顶材料在入场存放、使用过程中应严格管理，保证不变形。

施工顶棚部位已安装门窗，已施工完毕的地面、墙面、窗台等应注意保护，防止污损。

已装龙骨不得上人踩踏；其他工种吊挂件不得吊于轻钢骨架上。

为了保护成品，罩面板安装必须在棚内管道、试水、保温等一切工序全部验收后进行。

（7）应注意的质量问题

吊顶不平：原因在于主龙骨安装时吊杆调平不认真，造成各吊杆点的标高不一致。施工时应检查各吊点的紧挂程度，并拉通线检查标高与平整度是否符合设计和施工规范要求。

主龙骨局部节点构造不合理：在留洞、灯具口、通风口等处，应按图相应节点构造设置龙骨及连接件，使构造符合设计要求。

主龙骨吊固不牢：顶棚的骨架应吊在主体结构上，并应拧紧吊杆螺母以控制固定设计标高。顶棚内的管线、设备件不得吊固在骨架上。

罩面板分块间隙缝不直：施工时注意板块规格，拉线找正，安装固定时保证平整对直。

压缝条、压边条不严密平直：施工时应拉线、对正后固定、压粘。

3. 轻钢龙骨铝扣板吊顶

优点：具有良好的防潮、防油污、阻燃特性，美观大方。环保、无毒无味、抗静电、易吸尘、易清洗。使用寿命长，不易老化（图2-40）。

图2-40　实验室铝扣板吊顶

缺点：价格较石膏板贵。

（1）工艺流程

基层弹线→安装吊杆→安装主龙骨→安装边龙骨→安装次龙骨→安装铝合金方板

→饰面清理→分项、检验批验收。

（2）施工工艺

弹线→安装主龙骨吊杆→安装主龙骨→安装次龙骨→安装金属板→清理。

弹线：根据楼层标高水平线，按照设计标高，沿墙四周弹顶棚标高水平线，并找出房间中心点。沿顶棚的标高水平线，以房间中心点为中心在墙上画好龙骨分档位置线。

安装主龙骨吊杆：在弹好顶棚标高水平线及龙骨位置线后，确定吊杆下端头的标高，安装预先加工好的吊杆。吊杆安装用膨胀螺栓固定在顶棚上。吊杆选用圆钢，吊筋间距控制在900mm范围内。

安装主龙骨：主龙骨一般选用C38轻钢龙骨，间距控制在1000mm范围内。安装时采用与主龙骨配套的吊件与吊杆连接。

安装边龙骨：按天花净高要求在墙四周用水泥钉固定25mm×25mm烤漆龙骨，水泥钉间距不大于200mm。

安装次龙骨：根据铝扣板的规格尺寸，安装与板配套的次龙骨。次龙骨通过吊挂件吊挂在主龙骨上。当次龙骨长度需多根延续接长时，用次龙骨连接件，在吊挂次龙骨的同时，将相对端头相连接，并先调直后固定。

安装金属板：铝扣板安装时在装配面积的中间位置垂直次龙骨方向拉一条基准线，对齐基准线向两边安装。安装时应轻拿轻放，必须顺着翻边部位顺序将方板两边轻压，卡进龙骨后再推紧（图2-41）。

图2-41　铝扣板施工

清理：铝扣板安装完后，需用布把板面全部擦拭干净，不得有污物及手印等。

（3）轻钢龙骨安装容易出现的质量问题及预防措施（表2-5）

轻钢龙骨安装容易出现的质量问题及预防措施　　　　表2-5

质量通病	原因分析	预防措施
吊顶龙骨架不平整	①墙面四周未弹标高控制线； ②吊杆或吊筋间距过大、吊筋不垂直，使龙骨受力不均匀； ③主龙骨与主吊挂、副龙骨与主龙骨未连接紧密； ④主龙骨不顺直； ⑤龙骨接头安装不平； ⑥横撑龙骨下料不对，过大或过小，或横撑龙骨截面切割产生的毛刺未处理平整	①施工前，根据设计标高，将房间的控制标高线弹出，尺寸准确严格按规范要求，使吊筋的间距控制在800～1100mm之间，保证吊筋在一条直线上且每根均垂直； ②施工时，保持主龙骨与主吊挂、副龙骨与主龙骨连接紧密，间隙控制在1mm以内； ③横撑龙骨严格按副龙骨的间距下料，且待端头的毛刺处理平整后方可安装； ④龙骨架与四周的墙体固定牢固无松动
板面裂缝	①固定板的螺钉未固定牢固； ②固定板的螺钉方法不对； ③板与板之间未留缝，或留缝未错缝； ④人为踩坏或灯具、风口等使板面受力； ⑤吊顶面积大或吊顶过长未留施工缝； ⑥龙骨架与墙体四周连接不牢	①每个螺钉均固定牢固，使板面紧贴副龙骨； ②固定螺钉时，采用从板的中央向四周展开； ③固定板与板之间预留5～7mm宽的缝隙且保证板面错缝，在对接处，使两板边均为整边或裁割边； ④吊顶面上上人必须走主龙骨，所有的灯具、风口均不能使板面受力； ⑤大面积或通长的吊顶面，中间预留伸缩缝
钉帽外露	施工力度控制不当	用心施工，固定螺钉时控制好力度，选择熟练工操作

（4）吊顶工程验收时应检查下列文件和记录

吊顶工程的施工图、设计说明及其他设计文件；材料的产品合格证书、性能检测报告、进场验收记录和复验报告；隐蔽工程验收记录；施工记录。

（5）质量要求

质量要求符合《建筑装饰装修工程质量验收规范》GB350210—2001的规定。质量验收检验批按每层每区划分。质量主控项目表见表2-6。

质量主控项目表　　　　表2-6

项目	序次	检查项目	质量标准	检查方法
主控项目	1	标高、尺寸、起拱、造型	符合设计要求	观察；尺量检查
	2	饰面材料	符合设计要求	观察；检查产品合格证书、性能检测报告、进场验收记录和复验报告
	3	吊杆、龙骨、饰面材料安装	安装必须牢固	观察；手扳检查；检查隐蔽工程验收记录和施工记录
	4	吊杆、龙骨材质、间距及连接方式	符合设计要求。金属吊杆、龙骨应经过表面防腐处理；木吊杆、龙骨应进行防腐、防火处理	观察；尺量检查；检查产品合格证书、性能检测报告、进场验收记录和隐蔽工程验收记录

续表

项目	序次	检查项目		质量标准				检查方法
主控项目	5	石膏板接缝		应按其施工工艺标准进行板缝防裂处理				观察
一般项目	1	材料表面质量		饰面材料表面应清洁、色泽一致,不得有翘曲、裂缝及缺损;压条应平直、宽窄一致				观察;尺量检查
	2	灯具等设备		石棉板上的灯具、烟感具、喷淋头、风口篦子等设备的位置应合理、美观,与饰面板的交接应吻合、严密				观察
	3	龙骨、吊杆接缝		金属吊杆、龙骨的接缝应均匀一致,角缝应吻合,表面应平整,无翘曲、锤印。木质吊杆、龙骨应顺直,无劈裂、变形				检查隐蔽工程验收记录和施工记录
	4	填充材料		吊顶内填充吸声材料的品种和铺设厚度应符合设计要求,并应有防散落措施				检查隐蔽工程验收记录和施工记录
	5	允许偏差(mm)	项目	纸面石膏板	金属板	矿棉板	木板、塑料板、格栅	
			表面平整度	3	2	2	2	用2m靠尺和塞尺检查
			接缝直线度	3	1.5	3	3	拉5m线,不足5m拉通线,用钢直尺检查
			接缝高低差	1	1	1.5	1	用钢直尺和塞尺检查

（6）成品保护

轻钢骨架、罩面板及其他吊顶材料在入场存放、使用过程中应严格管理,保证不变形、不受潮、不生锈。

装修吊顶用吊杆严禁挪作机电管道、线路吊挂用。机电管道、线路如与吊顶吊杆位置矛盾,须经过项目技术人员同意后更改,不得随意改变、挪动吊杆。

吊顶龙骨上禁止铺设机电管道、线路。

轻钢骨架及罩面板安装应注意保护顶棚内各种管线,轻钢骨架的吊杆、龙骨不准固定在通风管道及其他设备件上。

为保护成品,罩面板安装须在棚内管道试水、保温等一切工序全部验收后进行。

金属吊顶板的自黏性保护膜宜在产品出厂的45天内撕掉。

设专人负责成品保护工作,发现有保护设施损坏的,要及时恢复。

工序交接全部采用书面形式由双方签字认可,由下道工序作业人员和成品保护负责人同时签字确认,并保存工序交接书面材料。下道工序作业人员对防止成品的污染、损坏或丢失负直接责任,成品保护专人对成品保护负监督、检查责任。

（7）安全措施

现场临时水电设专人管理,防止长明灯、长流水。用水、用电分开计量,通过对数据的分析得到节能效果并逐步改进。

工人操作地点和周围必须清洁整齐，做到"活完脚下清，工完场地清"，制定严格的成品保护措施。

持证上岗制：特殊工种必须持有在有效期内的上岗操作证，严禁无证上岗。

中小型机具必须经检验合格，履行验收手续后方可使用。同时应由专门人员使用操作并负责维修保养。必须建立中小型机具的安全操作制度，并将安全操作制度牌挂在机具旁明显处。中小型机具的安全防护装置必须保持齐全、完好、灵敏有效。

4. 玻镁夹芯彩钢板吊顶施工

优点：玻镁夹芯彩钢板既具有钢铁材料机械强度高、已成型的性能，又兼有涂层材料良好的装饰性和耐腐蚀性。玻镁彩钢板强度高、耐冲击、抗震性好。防火等级很高，不含有害人体的石棉成分，表面平滑无气孔。作为隔墙时，可于内部填充吸音棉，其隔音性超越单砖墙，还具备隔热保温性能（图 2-42）。

图 2-42　玻镁板吊顶吊件

缺点：损坏不易修复。

（1）施工准备

①技术准备

编制轻钢骨架活动罩面板顶棚工程施工方案，并对工人进行书面技术及安全交底。

②材料要求

轻钢龙骨分 U 形和 T 形龙骨两种。

轻钢骨架主件为中、小龙骨；配件有吊挂件、连接件、插接件。

零配件：有吊杆、焊机、射钉、自攻螺钉。

按设计要求选用罩面板、铝压缝条。

③作业条件

吊顶工程在施工前应熟悉施工图纸、设计说明及现场。

施工前应按设计要求对房间的净高、洞口标高和吊顶内的管道、设备及其支架的标高进行交接检验，并对吊顶内的管道、设备的安装及水管试压进行验收。

吊顶工程在施工中应做好各项施工记录，收集好各种有关文件。

材料进场验收记录和复验报告、技术交底纪录。

板安装时室内湿度不宜大于70%以上。

（2）关键质量要点

①材料的关键要求

按设计要求选用龙骨和配件及罩面板，材料品种、规格、质量应符合设计要求。

②技术关键要求

弹线必须准确，经复验后方可进行下道工序。安装龙骨应平直牢固，龙骨间距和起拱高度应在允许范围内。

③质量关键要求

吊顶龙骨必须牢固、平整利用吊杆或吊筋螺栓调整拱度。安装龙骨时应严格按放线的水平标准线和规方线组装周边骨架。受力节点应安装严密、牢固，保证龙骨的整体刚度。龙骨的尺寸应符合设计要求，纵横拱度均匀，互相适应，吊顶龙骨严禁有硬弯。

吊顶面层必须平整。施工前应弹线，中间按平线起拱。长龙骨的接长应采用对接，相邻龙骨接头要错开，避免主龙骨向边倾斜。龙骨安装完毕，应经检查合格后再安装饰面板。吊件必须安装牢固，严禁松动变形。龙骨分格的几何尺寸必须符合设计要求和饰面板的模数。饰面板的品种、规格符合设计要求，外观质量必须符合材料质量要求。

大于3kg重型灯具、电扇及其他重型设备严禁安装在吊顶工程的龙骨上。

（3）施工工艺

①工艺流程

基层清理→弹线→安装吊杆→安装主龙骨→安装边龙骨→安装次龙骨及玻镁板→成品保护→分项、查验批验收。

②操作工艺

弹线：用水准仪在房间内每个墙（柱）角上抄出水平点，弹出水平线（水准线距地面为+500mm）。从水平线量至吊顶设计高度加上12mm（一层石膏板的厚度），沿墙（柱）弹出水平线，即为吊顶次龙骨的下边线。同时，按吊顶平面图，在混凝土顶板弹出主龙骨的位置。主龙骨应从吊顶中心向两边分，最大间距为1000mm，并标出吊杆的固定点，吊杆的固定点间距900～1000mm。如遇到梁和管道固定点大于设计和规程要求，应增加吊杆的固定点。

固定吊挂杆件采用焊接固定吊挂杆件。采用φ8全丝吊杆。吊杆用焊接固定在钢板下的勒梁处，必须搭接焊牢，搭接长度为10d，焊缝要均匀饱满并防锈处埋。根据现场放线结果对吊顶丝杆进行打码安装，打码使用配件（10#顶爆）。每根丝杆间距根据现场情况可选择1000mm与1200mm两种间距，主要以1000mm间距为首选，保证吊顶的承重性，为其他专业后续工作提供更好环境，防止后期顶板出现承重问题。丝杆安装要求平直、整齐，避免丝杆歪歪扭扭。

在梁上设置吊挂杆件。吊杆距主龙骨端部距离不得超过300mm，否则应增加吊杆。吊顶灯具、风口及检修口等应设附加吊杆。

方形调节器安装：方形调节器为整体配件，需注意的是调节器上方螺丝应上两颗为好，同样是基于顶板承重问题。龙骨安装后需要调平，调平时不可用固定尺寸物件（如与吊顶高度相同的铝料一类）来调平每条龙骨，此做法仅能保证每条龙骨对相应地面的平整度，无法保证吊顶在整个平面的平整度。

正确做法可分为两种：一是将红外定位设备固定于一已知高度的固定平台上，然后以红外定位设备水平线为基线，根据基线到龙骨的固定高度为准来调平，保证吊顶区域性的平整度；二是在相应楼层找出土建结构标高 1m 线，根据 1m 线来放平整个天花。

安装边龙骨：边龙骨的安装应按设计要求弹线，沿墙（柱）上的水平龙骨线把 L 形镀锌轻钢条用自攻螺丝固定在预埋木砖上。如为混凝土墙（柱），可用射钉固定，射钉间距应不大于吊顶次龙骨的间距。

安装主龙骨：主龙骨应吊挂在吊杆上。主龙骨间距 900 ~ 1000mm。主龙骨分为轻钢龙骨和 T 形龙骨。轻钢龙骨可选用 UC38 主龙骨。主龙骨应平行房间长向安装，同时应起拱，起拱高度为房间跨度的 1/200 ~ 1/300。主龙骨的悬臂段不应大于 300mm，否则应增加吊杆。主龙骨的接长应采取对接，相邻龙骨的对接接头要相互错开。主龙骨挂好后应基本调平。跨度大于 15m 以上的吊顶，应在主龙骨上每隔 15m 加一道大龙骨，并垂直主龙骨焊接牢固。

安装次龙骨：次龙骨分明龙骨和暗龙骨两种。暗龙骨吊顶，即安装罩面板时将次龙骨封闭在棚内，在顶棚表面看不见次龙骨；明龙骨吊顶，即安装罩面板时次龙骨明露在罩面板下，在顶棚表面能够看见次龙骨。次龙骨应紧贴主龙骨安装，次龙骨间距 600mm。次龙骨分为 T 形烤漆龙骨、T 形铝合金龙骨。用 T 形镀锌铁片连接件把次龙骨固定在主龙骨上时，次龙骨的两端应搭在 L 形边龙骨的水平翼缘上，条形扣板有专用的阴角线作边龙骨。

玻镁板吊顶安装：每一块吊顶板安装完后需对板与龙骨间用螺丝进行固定，方可进行下一块板的安装。板与板之间的中置铝尽量填满，为后期洁净室环境做好保障。四块板间接缝处要保持十字线，以便后期打胶后的美观性。对于有墙板所在的顶板缝可作为板缝的调节缝，通过调整该区域的顶板缝可以保证房间其他区域的顶板缝的均匀度。对于与立墙板与顶板连接处尽量选择加厚的角铝或者 L 铝，固定方式以螺丝（以 1.5cm 大扁头钻尾螺丝为最佳）固定为主，对于安全门、门窗及门所在位置的固定角铝尽量先不进行固定，方便日后所在门头调节板的安装以及安全门等安装。安装时，应注意花样、图案的整体性。饰面板上的灯具、烟感器、喷淋头、风口等设备的位置应合理、美观，与饰面的交接应吻合、严密（图 2-43、图 2-44）。

图 2-43　玻镁板圆弧角处理

图 2-44　玻镁板吊顶

（4）玻镁板吊顶容易出现的质量通病

①主龙骨、次龙骨纵横方向线条不平直

原因分析：主龙骨、次龙骨受扭折，虽经修整，仍不平直；挂铅线或镀锌铁丝的射灯位置不正确，拉牵力不均匀；未拉通线全面调整主龙骨、次龙骨的高低位置；测吊顶的水平线有误差，中间平面起拱度不符合规定。

预防措施：凡是受扭折的主龙骨、次龙骨一律不宜采用；挂铅线的钉位，应按龙骨的走向每间 1.2m 射一支钢钉；拉通线，逐条调整龙骨的高低位置和线条平直；四周墙面的水平线应测量正确，中间按平面起拱度 1/200 ~ 1/300。

②吊顶造型不对称，罩面板布局不合理

原因分析：未在房间四周拉十字中心线；未按设计要求布置主龙骨、次龙骨；铺安罩面板流向不正确。

预防措施：按吊顶设计标高，在房间四周的水平线位置拉十字中心线；按设计要求布设主龙骨、次龙骨；中间部分先铺整块罩面板，余量应平均分配在四周最外边一块。

第四节　实验室公用工程安装

实验室公用设施及管道综合布置：实验室内各种公用设施管道很多，一般小型实验室内的管道有水管、风管、电线管等，大型实验室或特殊实验室内还有压缩空气、燃气、惰性气体等管道。工程管网的布置原则是既要保证使用和安全，方便安装、检修、改装和增添，又要尽量使各种管线短捷、经济合理和整洁美观。各种管网都是由总管、干管和支管三部分组成，总管指从室外管网到实验室内的管线，干管是指从总管分送到各单元的管道，支管是指从干管连接到实验台和实验设备的管道。各种管道一般以水平和垂直两种方式布置。

①总管与干管的布置

总管垂直布置：干管水平布置的方式，在各层由总管分出水平干管。通常把垂直总管设置在建筑物的一端，水平干管由一端通到另一端。电话、气体、空调风机盘管由垂直总管给各层的干管在走廊的吊平顶上敷设，接到各房间使用（图 2-45）。

图 2-45　实验室气体控制仪表

总管水平布置：干管垂直布置的方式，水平总管可以敷设在建筑物的底层，也可敷设在建筑物的顶层。对于高层建筑，水平总管不仅敷设在底层或顶层，有的还敷设在中间的技术层内。

②支管的布置

沿墙布置：无论干管是垂直布置还是水平布置，如果实验台的一面靠墙，从干管引出的支管可沿墙敷设到实验台。对于沿墙敷设的水平支管，建筑处理上可采用壁橱或实验台把支管隐蔽起来。

沿楼板布置：如实验台采用岛式布置，管到实验台的支管一般沿楼板下面敷设，有的支管穿过楼板，向上接到实验台。

一、通风与空调工程

1. 实验室空调

各种实验室及仪器室有不同的空调要求，以改善室内环境质量（图 2-46）。对于一般空调要求的实验室，夏季和冬季对温度均有要求。精密仪器室的空调与实验室的空调要求不同，实验室在晚间不做实验时一般停止空调，而有些精密仪器室要求能自动控制保持恒温，以利于仪器的保养。

常见的空调布置方式有下列三种：

（1）单独空调

常见的分体空调器，包括挂式和柜式空调器，安装方便，使用灵活。当采用单独空调器时，需要安装新风管道。这是由于单独空调器若没有新风管道，使用时实验室内长时间没有新鲜空气补充，会影响实验人员的健康。单独空调的使用效果较好，空调机室可以与实验室毗邻，空调机必须安装消声器以减少噪声，置新风管道以利于室内空气的更换。

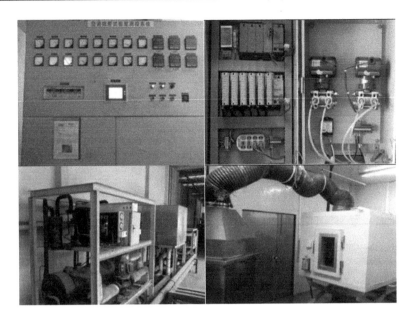

图 2-46　实验室通风控制

这种布置方式的优点是管理方便、相互干扰少并能节约能源。

（2）局部集中空调（多联机）

将温度、湿度的要求基本相同的几个实验室布置在相邻处，可使用局部集中空调布置方案。当需要分层布置时，亦尽量使其上、下层重合。采用风冷式空调机组，可以把风冷机装在屋顶平台上，其基座必须安装减振器，以防止振动对实验室的干扰。

（3）集中空调（中央空调）

当实验楼较大、需要空调的房间很多时经常采用集中空调方案。但是集中空调系统不能适应实验楼中精密仪器室和实验室的不同要求，开时全大楼一起开，停时全部停。因此会产生以下问题：对于各类不是同步使用的实验室，采用集中空调能源浪费较大；集中空调难以满足各类测试实验室对不同的温、湿度的要求；对于清洁度要求不同的实验室，由于集中空调因处理的风量较大会造成过高的投资。

下面以局部集中空调为例，讲解下空调系统施工工艺。

2．局部集中空调（多联机）施工

（1）设备安装施工程序与工艺方案

施工前：确定施工范围→制作施工图。

施工中：安装室内机→冷媒配管安装→安装室外机→气密试验→真空干燥→布线→冷凝水配管→保温→追加充填冷媒→试运转及调节→交付使用说明书（图 2-47、图 2-48）。

（2）安装注意事项

冷凝水管道孔应使管道具有向下的坡度（排水坡度至少保持在 $i \geqslant 0.01$，同时也必须考虑绝热管的厚度）。

冷媒管的通孔直径应考虑绝热材料的厚度（最好气管和液管双排并列）。

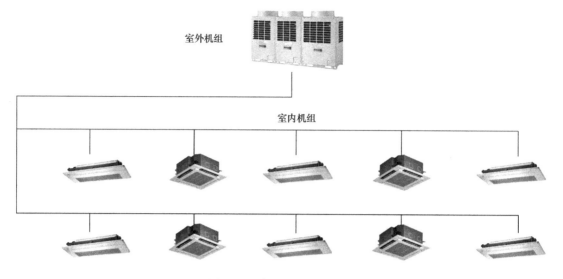

图 2-47 多联机原理示意图

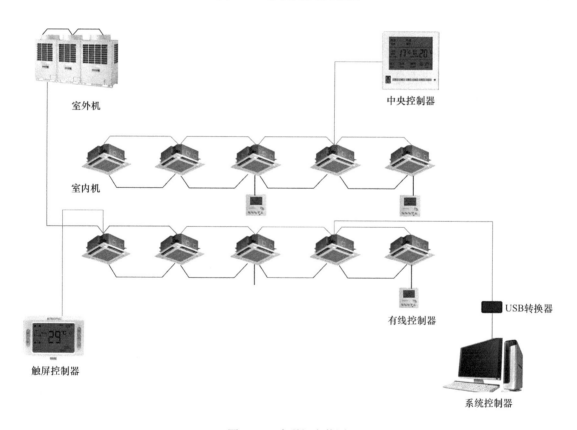

图 2-48 多联机安装图

在施工中有时需要变更，如果变更后有打洞时，应核准应开洞孔的位置及尺寸，无误后在要打洞孔的墙板上标出所开洞孔的大小，确认对建筑物结构无影响后才能进行打孔作业。管线过墙洞，采用开孔机打孔。若不适宜开孔机打孔的墙壁在征得业主同意后方可用其他方式打孔。孔的大小以可以穿过管线（含保温层）为准。管线穿过墙体或楼板处应设套管，管道的焊缝不得设于套管内。套管应与墙面或楼板平齐，但应比地面高出20mm。管道与管套的空隙应用隔热或其他难燃材料填塞。不得将套管作为管道的支撑，也不得将管道焊口安装在套管内。对于开洞形成的垃圾，应做到随做随清，保持施工现场的清洁。

室内机安装注意要点：悬吊支架必须足以承受室内机的运行重量；安装前须检查并核对设备型号，将检查情况填入设备开箱检查记录表；注意校正主要的设备（主要是管道的布置和走向）；应留有足够的空间以供综合维修用；应留有一检修孔，尺寸为不小于400mm×400mm；装室内机时应保证有足够的冷凝水管位置。

（3）室内机安装

操作步骤：测定安装位置→标识安装位置→安装悬吊支架→安装室内机（图2-49～图2-51）。

图2-49 吸顶式室内机安装

图2-50 风管式室内机安装

图 2-51　天花室内机

　　所有设备的规格、型号、技术参数应符合设计要求和产品性能指标。支吊架须足以承受室内机的重量并严格按照室内机技术安装手册来执行。

　　室内机设备的搬运和吊装：设备的搬运和吊装必须符合产品说明书的有关规定，并应做好设备的保护工作，防止因搬运或吊装而造成设备损伤。室内机应采用弹性减震吊环吊装，室内机下垫橡胶减震两层。

　　室内机位置应充分考虑如下因素：安装空间的高度确定；室内气流组织问题；吊顶内空调机的安装空间确定；空调与室内气流组织问题；吊顶内空调机的安装空间确定；空调与室内吊顶造型与灯具等的协调；要求室内机水平安装（水平度在 ±2mm 之内）。

　　（4）支、吊架制作技术要求

　　管道支、吊架、支座的制作按照图样要求进行施工。

　　安排统一加工，形式一致。

　　型钢采用机械下料，不得采用气（电）焊进行切割和开孔处理。

　　型钢采用机械钻孔，不得采用气（电）割孔。

　　管道支、吊架支座的焊缝高度不得小于焊件最小厚度，并不得出现漏焊、夹渣或焊缝裂纹等缺陷。

　　（5）支、吊架安装技术要求

　　首先根据设计要求确定始、末端固定支架的位置。

　　再根据管道的设计标高，把同一水平面直管段的支架位置画在墙上或柱上，根据两点间距离和斜度大小，算出两点间的高度差，标在始、末端支架位置上。

　　在两高差点拉一根直线，按照支架的间距在墙上或柱上标出每个支架的安装位置。

　　支架材料及固定方式：25mm×4mm 镀锌扁铁或 30mm×3mm 角钢。

　　水平管（铜管）支、吊架间隔如表 2-7。

<table>
<tr><td colspan="3" align="center">水平管（铜管）支、吊架间隔　　　　　　　　　　　　　　　表 2-7</td></tr>
<tr><td align="center">序号</td><td align="center">标称直径</td><td align="center">支吊架间隔</td></tr>
<tr><td align="center">1</td><td align="center">φ20 以下</td><td align="center">1.0m</td></tr>
<tr><td align="center">2</td><td align="center">φ25 ~ 40</td><td align="center">1.5m</td></tr>
<tr><td align="center">3</td><td align="center">φ50</td><td align="center">2.0m</td></tr>
</table>

注意　铜管不能用金属支托架夹紧，应在自然状态下，通过保温层托住铜管，以防止冷桥产生。

（6）冷媒配管工程

作业顺序：安装室内机→按图纸配铜管→铜管清洗→安装铜管管道→置换氮气→钎焊→吹净→气密试验→真空干燥。

冷媒管材料的选择：所有冷媒管采用去磷无缝紫铜管。钎焊接头和特殊支路通常使用L弯接头、套接头、T型接头等。接头必须满足《钎焊接头强度试验方法》GB/T 11363–2008）有关标准（大小、材料、厚度等）。

钎焊：钎焊工作宜在向下或水平侧向进行，尽可能避免仰焊；液管和气管端管必须注意装配方向的角度以免油的回流或蓄积。

冷媒管的封盖：冷媒管的包扎十分重要，要防止水分、脏物或灰尘进入管内。每根管的末端必须包扎封盖，"扎紧"是最有效的方法。

冷媒管吹净：将压力调节阀装在氮气瓶上；将压力调节阀与室外机液体管侧的通入口用充气管连接起来；将室内机所有的进口均用充气管连接进来；打开氮气瓶阀置压力调节阀至 $5kg/cm^2$；检查氮气是否通过室内机的液管；吹净；开关氮气主阀。对室内机重复以上操作直至管内无杂质。液管作业结束时再对气管做以上吹净作业。

冷媒配管工程施工重点：

①注意管子和接头的间隙（避免泄露），铜在焊接过程中，易出现氧化、变形、蒸发（如锌等）、生成气孔等不良现象，给焊接带来困难。因此焊接铜管时，必须合理选择焊接工艺，正确使用焊具和焊件，严格遵守焊接操作规程，不断提高操作技术，才能获得优质的焊缝。为防止熔液流淌进入管内，焊接时宜采用以下几种形式。管径在22mm以下者，采用扩管器将管口扩张成承插口插入焊接，或采用套管焊接（套管长度L=2～2.5D，D为管径）。但承口的扩张长度不应小于管径，并应迎介质流向安装。同口径铜管对口焊接，可采用加衬焊环的方法焊接。对于壁厚小于2mm的铜管采用"I"形坡口进行焊接。组对时应达到内壁平齐，内壁错边量不得超过管壁厚度的10%，且不大于1mm。不同壁厚的管子、管件组对可按铜管的相应规定加工管子坡口。

②坡口清理：坡口面及其边缘内外侧不小于20mm范围内的表面，应在焊前采用有机溶剂除去油污，采用机械方法或化学方法清洗去除氧化膜，使其露出金属光泽。焊丝使用前也应用同样方法自理。

③焊接时注意采用氮气保护焊，防止铜管氧化产生氧化膜。钎焊强度小，一般焊口采用搭接形式。搭接长度为管壁厚度的6～8倍。管子的公称直径小于25mm时，搭接长度为1.2～1.5D（mm）。

④钎焊后的管件，必须在8小时内进行清洗，除去残留的熔剂和熔渣。常用煮沸的含10%～15%的明矾水溶液涂刷接头处，擦洗干净，进行冷媒管钎焊。

⑤冷媒管钎焊前的准备包括钎焊条和焊接设备的准备。铜管切口断面要平整，不得有毛刺、凹凸等缺陷，切口平面允许倾斜，偏差为管子直径的1%。

⑥根据技术资料的要求，焊接时把微压（0.02MPa）氮气充入正在焊接的管内，这样可有效地防止铜管氧化层的产生。

⑦施焊人员应有必要的资格证明，才能上岗。直径小于 $\phi19.05mm$ 的铜管一律采用现

场煨制、热弯或冷弯专用工具，椭圆率不应大于8%，并列安装配管其弯曲半径应相同、间距、坡向、倾斜度应一致。大于 φ19.05mm 的铜管应采用冲压弯头。

⑧扩口连接：冷媒铜管与室内机连接采用喇叭口连接，因此要注意喇叭口的扩口质量。扩口作业前加强管必须退火；切割管子应用专用切管器；使用专用扩口工具，扩口方向应迎冷媒流向；在扩口表面涂上空调机油，以便扩口螺母光滑通过，防止管道扭曲。扩口连接操作重点：小心去掉毛刺；使用两个扳手以便抓住管子；扩口前扩口螺母应先装上管子；用适合的扭矩来上紧扩口螺母；检查扩口表面有无损伤。

（7）冷凝水管安装（室内）

操作步骤：安装室内机→连接冷凝水管→检查水泄露→冷凝水管绝热。

冷凝水管坡度和固定：冷凝水管安装坡度必须满足 i ≥ 0.01，冷凝水管尽可能短，同时冷凝水管应绝热包扎避免表面结露，并应避免气封的产生。冷凝水管支架用 φ8mm 丝杆，并用 φ8mm 内膨胀螺栓固定。管材采用 PVC 管，外套 10mm 厚的难燃 BI 级橡塑保温材料。冷凝水管至少应满足室内机的冷凝水流量。

（8）控制电线及线控器安装

控制电线应统一冷媒系统与室内外连接线的关系。与电源线平行配线时，应适当地空出 300mm 的距离，防止干扰。分散控制电缆：信号电缆和电源电缆并列布线，由于电磁耦合的关系会造成动作失误。假如电缆被放在导线管中敷设，成组不同的导线放在同一导线管敷设时，应考虑以下几点：室内外机信号传输线应和铜管一起包扎敷设。控制线导线用 Φ20mm PVC-U 管，暗盒用 120 型。并需注意室内机与室外机都必须接地。

线控器安装：线控器面板应紧贴墙面，四周无缝隙安装牢固，表面光滑整洁、无碎裂、划伤，装饰帽齐全。同一室内线控器安装高度应一致。同一建筑物、构筑物的线控器采用同一系列的产品、线控器开关的操作位置、方式应一致，操作灵活，接触可靠。安装位置应便于操作，开关边缘距门框边缘的距离为 0.15 ~ 0.20m，距地面高度 1.30m。

（9）绝热工作（冷媒管）

操作步骤：冷媒管工作→绝热连接区测试→空气密封测试→绝热连接区。

材料：所用的绝热材料为难燃 BI 级橡塑保温材料。

绝热要点：绝热区域，例如钎焊区、扩口处或凸缘处，只有在气密试验成功后才能施工；保温施工时严禁绝热层有空隙现象，保温套管连接处一定要用胶水和胶带捆扎好。所有冷媒管保温管按照要求用扎带包好。

铜管绝热套管使用规格见表 2-8。

铜管绝热套管使用规格 　　　　　　　　　　　　　　表 2-8

序号	标称直径	厚度（mm）
1	φ < 16	15mm
2	φ < 42	20mm

绝热工作需按设计要求选材，施工时一起把保温套管穿好，留出焊接口处，最后处理焊口。当焊口处理试压完成后，将焊口进行保温完成。

（10）室外机安装

室外机安装前检查所有设备的规格、型号、技术参数，应符合设计要求和产品性能指标。表面无损伤，密封良好，随机文件和配件齐全。

室外机设备开箱检验，校对规格型号是符合设计要求，确认主体、零部件有无缺损和锈蚀，检查情况填入设备开箱检查记录表。

室外机设备的搬运和吊装：设备的搬运和吊装必须符合产品说明书的有关规定，并应做好设备的保护工作，防止因搬运或吊装而造成设备损伤。空调机属于精密设备，搬运时注意不要横倒，否则会引起设备内的润滑油偏移而损伤机器。

操作步骤：基础的准备→安装室外机（图 2-52 ~ 图 2-54）。

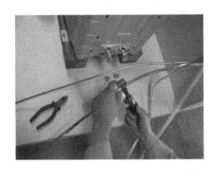
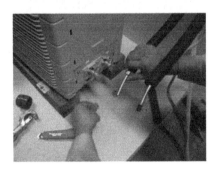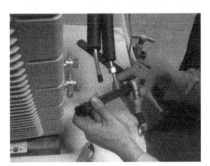

图 2-52 室外机连接

图 2-53 多联机室内温控器

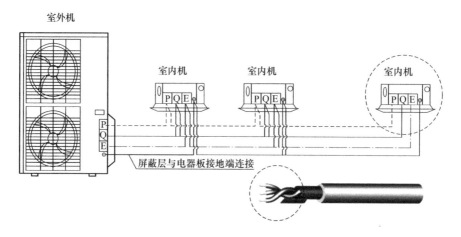

图 2-54　多联机电气接线图

室外机基础：室外机宜以槽钢作为基础，禁止四角支撑。基础周围应设置排水沟，以排除设备周围的积水。室外机安装在屋顶上时，必须检查屋顶的强度，并要特别注意保护屋顶的防水层。

安装室外机需注意：

①检查基础的强度和水平度，避免产生振动和噪音；空调室外机设弹簧减震台座减震。外机与支架之间加 10mm 厚的减震胶垫，地脚螺栓与预埋件的连接应牢固。

②工作空间，这点特别重要，当设备安装好之后必须留出今后维修保养工作空间，不能过分狭小，以至于影响压缩机更换。

③避免短路，机器须被安装在通风良好的地方，否则会发生气流短路。

（11）管道吹扫

气体吹扫的目的：去除焊接时在铜管内部形成的氧化膜和去除封口不良在管内形成的杂质和水分。

步骤：用氮气，氮气压力为 5kg/cm²，尽量进行分层分段的氮气吹扫作业。确认没接上扩口的部位有氮气出来后，用手压住扩口部分，压力上升压不住时，一下松手，如此反复。吹扫完毕后将管端口进行封口保护。

（12）气密性试验

作业顺序：冷媒配管完工→加压→检查压力→检查漏口及修补→完成。

试验要领：

应按下列顺序进行。

第一阶段，5kgf/cm² 加压 5 分钟以上，仔细检查接口等，有可能发现大漏口；

第二阶段，15.0kgf/cm² 加压 5 分钟以上；第三阶段，38kgf/cm² 加压 5 分钟以上，并保压 24 小时，仔细检查接口等，有可能发现微小漏口。

注意事项：一定要使用氮气进行压力实验，严禁使用氧气进行打压。尽量在施工过程中进行分段打压检漏工作，以提高工作效率。防止氮气流入室外机，检漏完毕系统减压。至 28kgf/cm² 保压，以待调试、观察压力是否下降，若无压力下降，即属合格。但如加压环境温度与观察时的环境温度不同，则每 1℃ 会有 0.1kgf/cm² 的压力变化，故应修正，修正值＝（加压时温度－观察时温度）×0.1。气密性试验应保持 24 小时，前 6 小时检查，压力下降不应大于 3kgf/cm²。检查有无泄漏可采用手感、听感、肥皂水检查。氮气试压完成后将氮气放至 3kgf/cm² 后加制冷剂，至压力 5kgf/cm² 用电子检漏仪检漏。

（13）真空干燥

真空干燥：利用真空泵将管道内的水分排出，而使管内得以干燥。

真空泵的选择：选择能满足真空度的泵（即要达到 –755mmHg）；开始作业前，必须用真空测量仪器确认是否达到 –755mmHg 以下。

真空干燥的作业顺序：

①真空干燥（第一次）：将万能测量仪接在液管和气管的注入口，使真空泵运转（真空度在 –755mmHg 以下）。若抽吸 2 小时仍达不到 –755mmHg 以下时，则管道系统内有水分或有漏口存在，这时要继续抽吸 1 小时。若抽吸 3 小时仍未达到 –755mmHg，则检查是否有漏气口。

②真空放置试验：达到 –755mmHg 即可放置 1 小时，真空表指示不上升为合格；指示上升为不合格，应继续检查，直至合格为止。

（14）冷媒追加充填

将开关阀全部打开（液管和气管）。真空测试合格后，则要对系统按各自的冷媒量加注冷媒。

目的：系统已经填充了标准管长的冷媒量，但配管超过标准管时，必须追加充填相应的冷媒量。

操作步骤：第一步，通过抽真空干燥已经完成；第二步，以管子长度来计算所应追充填的冷媒量；第三步，用电子充填器测出冷媒量；第四步，将充填缸、双头压力、室外机液管的检修阀用充填软管连接，以液体状态充填，充填前必须将软管和压力表中的空气排除后再进行；第五步，充填完毕后将冷媒的充填记入室外机的铭版上，以便检修使用。

注意事项：室内机和室外机之间距离超过规定时，需另加注制冷剂；在液管完全干燥后，液态制冷剂进行注入操作；当制冷剂不能完全注入时，可用在测试运行中的压缩机注入；追加充填的冷媒量一定要按照生产厂家的资料进行计算，严禁以电压、电流等其他测试手段来控制增加制冷剂量；进行系统移机处理时，必须由原安装单位进行操作，对加制冷剂量要严格从新计算；在冬季加制冷剂操作时，若由于温度太低不能顺利充填，可以使用热水对制冷剂瓶加热，但严禁使用明火进行加热。

（15）运行调节测试

准备工作：调试现场条件具备，包括正式供电正常，电压在正常范围之内，空调管路、控制线路连接正常无误（图 2-55）。调试人员必须由经过厂家专业培训并考核合格的工程师担任。

目的：对空调系统的运行状态进行初始状态测试，将空调系统调试到正常的运转状态，保证系统的正常使用。

注意事项：通电试运转前，必须保证电源供给的正常，尤其确认零线通断。

程序和要点：运行测试命令十分重要，应按以下程序进行。

启动电源前执行（确认已完成真空干燥操作），检查错误布设的电源线、控制电缆和

图 2-55　多联机室外机安装

松动的螺栓；当冷媒管长度超过规定时，需补充注入制冷剂；其他方面的检查包括室内机、室外机的配套，有无气管侧夹具，有无绝热管子大小不统一；打开气管截止阀充气；打开液管截止阀充气；测试绝缘。

①测试主电源开关、室外机开关、不同模式开关的每一种设定位置；启动室内机。

②操作检查，测试运行模式；操作模式设置"制冷"；重复开机 3 分钟常规操作。

运行调节测试测量：室内机温度测量包括制冷和制热的进气和排气温度（℃）。室外机的测量包括绝缘电阻、电压和电流、排气压和进气压、进排气压管道的温度、进排气气流的温度、压缩机频率。

3．空调系统风管施工

风管材料包含热镀锌钢板风管、碳素钢板风管、双面彩钢复合酚醛保温风管及部分土建风道。送风管、排风管、排烟风管和公共区送、排风管采用热镀锌钢板；穿越设备管理用房区的公共区送、排风管、土建风道及风室内的所有风管，大边长超过 2000mm 的排烟风管采用厚度不小于 2.0mm 碳素钢板，大型轴流风机前后的扩压管采用 3.0mm 的碳素钢板制作。在施工中一定要清楚各种材质管道使用的系统和使用部位，特别是排烟管道的板材要按照高压管道系统选取。防火风管的本体、框架与固定材料、密封垫料必须为不燃材料，其耐火等级应符合设计的规定。

（1）镀锌钢板风管制作与安装

①镀锌钢板风管制作操作工艺

材料检验：金属风管的材料品种、规格、性能与厚度等应符合设计和现行国家产品标准的规定。加工前需用游标卡尺检验镀锌钢板的厚度是否符合要求，同时钢板表面应平整，无刮花。

绘制加工草图：根据现场施工图纸中风管及管件尺寸，利用平行线法绘制其展开图（图 2-56、图 2-57）。

板材下料剪切：根据绘制的风管及管件展开图，按实际留好咬口余量，进行展开下料。

图 2-56 方型通风风管

图 2-57 圆型通风风管

板材剪切必须进行下料的复核，以免有误。按划线形状用机械剪刀和手工剪刀进行剪切，剪切时严禁将手伸入机械压板空隙中。上刀架不准放置工具等物品。调整板料时，脚不能放在踏板上。使用固定式震动剪，两手要扶稳钢板，手离刀口 6cm，用力均匀适当。板材剪切完毕后，应用卷尺复合板材尺寸，确保无误。

咬口：镀锌钢板风管采用咬接或铆接。咬接时，侧板与上下板分别咬边后，再相互咬接，常用咬口形式有单咬口、立咬口、联合咬口、转角咬口和按扣咬口。

折方：咬口后的板材按画好的折方线放到折方机上，进行折方操作。操作时折方线要对正折方机的上下模具，使其重合，折成所需的角度。

压口成型：折方后的钢板，用合缝机或手工进行合缝。操作时，要用力均匀，不宜过重，避免咬口不实，造成胀裂及半咬口的现象。进行翻边操作时，应保证翻边量保持不小于 6mm。

法兰加工：矩形法兰由四根角钢组焊而成，划线下料时应注意使焊成后的法兰内径不能小于风管的外径，采用风管长边加长两倍角钢立面、短边不变的形式进行下料，用型钢切割机按线切断。下料调直后用台钻加工铆钉孔及螺栓孔。法兰螺孔及铆钉间距不大于150mm，法兰的焊缝应熔合良好、饱满，不得有夹渣和孔洞。焊接完毕后，焊口处应做防腐处理。矩形法兰的四角处应设螺孔，孔心位于中心线上。法兰打孔后，应做好法兰打磨除锈工作。打磨除锈完毕后，进行法兰喷漆。同规格的法兰螺孔应具有互换性，矩形法兰用料规格及螺栓按设计说明选定。法兰加工完毕后，应检验法兰表面平整度，以保证后期后系统密封良好。

组合铆接：风管与法兰组

合成形时，角钢法兰连接采用翻边铆接，铆接应牢固，不应有脱铆和漏铆现象。风管与法兰铆接时翻边应平整，紧贴法兰，其宽度应一致，且不小于6mm，并不应遮住螺孔。四角应铲平，不应出现豁口，以免漏风。

风管加固：风管的加固可采用楞筋、立筋、角钢、扁钢、加固筋和管内支撑等形式。楞筋加固较为常用，排列应规则，间隔应均匀，板面不应有明显变形，楞筋间距不大于220mm。

②检验

风管的检验通常采用卷尺测量，风管外径或外边长小于或等于300mm时，允许偏差为2mm，当大于300mm时，为3mm。管口平面度的允许偏差为2mm，矩形风管两条对角线长度之差不大于3mm。

③风管成品保护及运输

风管成品应码放在平整、无积水、宽敞的场地，不与其他材料、设备等混放在一起，并有防雨、泥措施。堆放时应按系统编号，整齐、合理，便于装运。

④质量要求

镀锌钢板风管制作所用镀锌钢板镀锌层厚度不小于 $275g/m^2$。

风管板材拼接的咬口缝应错开，不得有十字形拼缝。

边长大于或者等于500mm，且内弧半径与弯头端口边长比小于或者等于0.25时，应设置导流叶片，导流叶片内弧应与弯管同心，与风管内弧等弦长。

风管与配件的咬口缝应紧密，宽度一致；折角平直，圆弧均匀；两端面平行。风管无明显扭曲与翘脚；表面应平整，凹凸不大于5mm。

法兰安装前需去掉焊渣，刷防锈漆两遍。

风管成型后，应将风管两端用薄膜或者彩条布密封后堆放整齐，现场堆放高度不大于2m。

⑤风管组合

根据设计施工图纸各风管系统和现场制作风管进行组合。组合风管系统应满足各系统设计要求（图2-58、图2-59）。制作好的管件安装前应根据加工草图的尺寸组配，并检查规格、数量和质量，按通风空调系统进行编号，防止在运输过程中拉乱，减少安装时的混乱现象。

对三通、弯头等管件检查达到要求后，按加工草图把某一个系统相邻的三通或弯头，用螺丝临时连接起来，计算出两个三通之间需要连接的直管长度。

图 2-58　风管管件　　　　　　　　　　图 2-59　镀锌铁皮风管

风管通过结构沉降缝时，应使用柔性短管连接。柔性短管应符合设计规定。如设计无要求时，柔性短管长度宜为 300～400mm，其中点距沉降缝中心不应大于 100mm。柔性短管的安装，应松紧适度，无明显扭曲。可伸缩性金属软风管的长度不宜超过 2m，并不应有死弯或塌凹。

风管接口应严密、牢固。风管法兰垫片的材质应符合系统功能要求，排烟风管应采用不燃材料，厚度不小于 3mm。垫片应与法兰齐平，不得凸入管内。

⑥支吊架制作与安装

按照设计图纸并参照土建基准线确定风管的标高。

风管支、吊架的制作应按设计或标准图集要求施工。

各类管道的支、托、吊架设置位置应合理，支吊架大小应与管径相匹配。

用金属膨胀螺栓固定支架时，膨胀螺栓胀管应采用厚型。螺栓埋入板、墙的深度，必须使胀头及胀管全部埋入墙、板内。钻孔大小应与膨胀管尺寸匹配并保证支架紧贴墙、板面，螺母紧固。

风管直径与长边小于 400mm，支吊架间距不大于 4m。风管直径与长边大于或等于 400mm，支、吊架间距不应大于 3m。

风管垂直安装，支架间距不应大于 4m，但每根立管的固定支架不少于 2 个。

吊架的吊杆应平直，螺纹应完整、光洁。吊杆用螺纹连接时，任一端的外露螺纹长度均应大于吊杆直径，并有防松动措施。吊杆用焊接连接时应采用搭接，搭接长度不应少于吊杆直径的 6 倍。

支吊架不应设于风口、阀门、检查门及自控机构处。

保温风管托架的垫木应做沥青防腐，垫木厚度应与隔热层厚度一致，两端钻孔，穿入吊杆。

风管及管道设备吊架，应单独设置，不得相互依托受力。

风管支吊架材料均采用热镀锌材料。

⑦风管组合吊装

风管安装宜以 4～6m 长分段组装，按系统组段用拉链葫芦或滑轮组分 4～6 点整体吊装，以加快进度和避免风管产生吊装变形。

安装时先安装主管，待主管安装定位后，再安装支管。

风管的吊点应牢固可靠。大尺寸吊点宜采用楼板上打穿眼固定吊点，小尺寸风管可采用金属膨胀螺栓固定吊点。大型风管的吊点应采用楼板上打穿眼固定或在梁的侧面采用金属膨胀螺栓固定吊点，以保证风管吊点牢固可靠。吊装尺寸较大、总量较重的风管应设置6个以上的吊装点，吊装风管长度不宜超过6m，吊装点应牢固。

风管吊装时应在地面将风管组对，并将葫芦挂在风管侧面竖立的吊装杆上，均速将风管提升到安装高度。风管到位后，马上将风管横担上好，再调整风管的标高与坐标尺寸，并与已装好的风管相连，最后锁紧横担螺母，拆除葫芦。

风管穿墙部分应按规定处理，所有风管穿墙应设预埋管或防护套管，其钢板厚度不应小于1.6mm。风管与防护套管之间，应用不燃且对人体无危害的柔性材料封堵。风管安装时，注意法兰不能在墙里或靠近墙体。法兰离开墙体的距离应大于100mm。

（2）双面彩钢板酚醛复合风管制作与安装

①双面彩钢板酚醛复合风管制作操作工艺（图2-60）

画线：双面彩钢板酚醛复合风管制作时，画线、下料要准确。板面应保持平整。计算风管与法兰的尺寸时，在加工初始，就应该将板材的厚度考虑在内，防止不匹配的情况发生。

开槽：板材下料完毕后，用45°刨刀沿着划线刨切。注意刨切过程中用力不要过猛，防止板材外部彩钢板受损。

折方：将开槽后的板材送至折方机，沿着折方线折方。注意折方时需准确无误，以免影响风管净尺寸。

咬口合缝：咬口宽度合缝宽度8mm。

安装法兰：铆钉间距不大于150mm。

打胶：打胶时应注意所有的边缝都需打胶，防止漏风。

风管加固：酚醛风管边长大于800mm或单边面积大于1.2m² 时均需做加固处理。加固方式采用槽形外框加固，加固型材由镀锌钢板制作成槽形型材，风管外部加固框的铆接点间距不大于220mm，外加固框四角连为一体。

图2-60　双面彩钢板酚醛复合风管

风管检验：酚醛复合风管外径或外边长小于或等于300mm时，允许偏差为2mm，当大于300mm时，为3mm。管口平面度的允许偏差为2mm，矩形风管两条对角线长度之差不大于3mm。

②双面彩钢板酚醛复合风管安装

酚醛复合风管安装所需支吊架同镀锌钢板风管支吊架做法及安装方式相同。采用铝合金防冷桥法兰插接，插接应紧密。拼接完毕后，应做漏光试验，具体方法步骤同镀锌钢板风管一致。酚醛复合风管安装时，当风管边长小于1000mm时，支吊架间距不大于2m，当风管边长小于1600mm时，支吊架间距不大于1.5m。

③质量要求

酚醛风管制作时，折角应平直，两端面平行，风管无明显扭曲。风管内角缝均采用密封胶密封。

成型风管的绝热层不得外露，法兰与风管连接处应牢固可靠，不得脱落、分离。

（3）碳素钢板风管制作与安装

①碳素钢板风管制作操作工艺（图2-61）

图2-61　碳素钢风管

下料剪切：风管下料时，按工艺卡要求的尺寸加工制作。为了便于与法兰配合，避免风管与法兰尺寸产生误差，造成风管和法兰组装困难，风管的尺寸以外径或外边长为准，板厚严格按设计图纸说明选用。

风管成型前检查：风管成型前，检查下料、焊接等工序是否无误，核对下料的几何尺寸是否正确。风管合口必须严实以免漏风，且四边平齐。划线后，经剪切、焊接成成型风管。

焊接：制作碳钢风管时，焊接工艺要求因钢板较薄必须严格控制好焊接工艺参数（即焊接电流、电压、施焊速度）；装配的间隙必须符合规范要求；接缝处必须平直；焊后不得有裂纹、穿透、气孔、焊瘤及其他缺陷等；风管焊后往往出现变形，应矫正。焊缝处容易锈蚀或氧化，应采取相应的防腐措施。不得采用影响其保护层防腐性能的焊接连接方法。风管焊接，接缝处平整、严密，不得有裂缝凸瘤、穿透的夹渣、气孔及其他缺陷等，风管焊后容易变形，应该矫正变形，焊缝处容易锈蚀或氧化，应采取防腐措施。不得采用影响其保护层防腐性能的焊接连接方法。

②风管法兰制作安装

风管与法兰连接可采用连续焊或翻边断续焊。管壁与法兰内口应紧贴，焊缝不得凸出法兰端面，断续焊的焊缝长度宜在 30～50mm，间距不大于 50mm。角钢法兰四角需要导角，去毛边。法兰除掉焊渣后刷防锈漆两遍。

③风管加固

对于碳素矩形风管采用周边用角钢框加固，角钢规格可以略小于法兰角钢规格，角钢框与风管的连接可选择焊接，角钢框的四角处应连为一体。

④风管防腐

碳素钢板对制作中刷防锈漆两遍，面漆两遍，对于涉及防排烟的风管还需刷防火涂料。通风与空调工程的紧固件应采用热镀锌件，管道支吊架等应采用热镀锌材料，管道支吊架的紧固螺栓应采取防松动措施。

⑤质量标准

风管的规格、尺寸必须符合设计要求。风管外观质量应达到焊接角平直，两端面平行无翘角，风管与法兰连接牢固，翻边平整，并紧贴法兰。风管加固应牢固可靠、整齐，间距适宜，均匀对称。

⑥风管及部件安装操作工艺

定位放线。

支吊架制作：支吊架所用材料均需采用热镀锌材料。

支吊架安装：支吊架底座采用 C8 槽钢，M12×120 膨胀螺栓固定，支吊架安装前需用红外线放线仪标出风管中心线。放线完毕后按标准支吊架间距在顶板上打眼，支吊架间距应满足，当风管边长小于等于 400mm 时，间距不大于 4m，当风管边长大于 400mm 时，间距不大于 3m。安装膨胀螺栓，将膨胀螺栓安装在预先打的孔洞中。横担与圆钢吊杆间下方用双螺母垫片，上方用单螺母垫片紧固。

风管及部件安装：风管及部件安装前，清除内外杂物及污垢并保持清洁。安装风管时，为安装方便，在条件允许的情况下，尽量在地面上进行连接，拼接时风管法兰之间需加垫料，采用厚 3mm 以上的玻璃纤维类材料，排烟风管法兰垫片应采用 A1 级不燃材料。

⑦风管测试

风管在地面完成安装后，应做漏光测试，漏光试验在晚上进行。

将事先准备好的碘钨灯（100W，带保护罩）伸入风管内，然后在风管内缓慢移动，并注意观察风管外部是否有光源射出。

低压系统风管每 10m 接缝，漏光点不应超过 2 处，且 100m 接缝平均不大于 16 处为合格；中压系统风管每 10m 接缝，漏光点不大于 1 处，且 100m 接缝平均不大于 8 处为合格。漏光检测中发现的条缝形漏光，应进行密封处理，处理完毕应再进行漏光试验，直到合格为止。

⑧质量要求

风管支吊架制作所用槽钢、角钢等镀锌件切割完毕后，切口处需做防腐处理。

风管安装时，支吊架间距为当风管边长小于等于 400mm 时，间距不大于 4m，当风管边长大于 400mm 时，间距不大于 3m。

所有螺栓螺母等紧固件需采用热镀锌件。

吊架与吊架根部连接应牢固，吊杆拧入螺母的螺纹长度应大于吊杆直径，同时外部露丝长度 2 ~ 3 扣。

对于边长大于 1250mm 的弯头、三通等应设置独立支吊架。

法兰间密封垫料不应突入管内或脱落。

⑨风管的安装应符合下列规定

风管安装前，应清除内、外杂物，并做好清洁和保护工作。

风管安装的位置、标高、走向，应符合设计要求。现场风管接口的配置，不得缩小其有效截面。

连接法兰的螺栓应均匀拧紧，其螺母宜在同一侧。

风管接口的连接应严密、牢固。风管法兰的垫片材质应符合系统功能的要求，垫片不应凸入管内，亦不宜突出法兰外。

柔性短管的安装，应松紧适度，无明显扭曲。

可伸缩性金属或非金属软风管的长度不宜超过 2m，并不应有死弯或塌凹（图 2-62）；风管与砖、混凝土风道的连接接口，应顺着气流方向插入，并应采取密封措施。

图 2-62　风管柔性短管

风管的连接应平直、不扭曲。明装风管水平安装，水平度的允许偏差为 3/1000，总偏差不应大于 20mm。明装风管垂直安装，垂直度的允许偏差为 2/1000，总偏差不应大于 20mm。

在风管穿过需要封闭的防火、防爆的墙体或楼板时，应设预埋防护套管，其钢板厚度不应小于 1.6mm，并做防腐处理，如穿防火墙时须做防火处理。风管与防护套管之间，应用不燃材料。

⑩风管支、吊架的安装应符合下列规定（图 2-63 ~ 图 2-65）

风管安装时，支吊架间距为：当风管边长小于等于 400mm 时，间距不大于 4m，当风管边长大于 400mm 时，间距不大于 3m。

风管垂直安装，间距不应大于 4m，单根直管至少应有 2 个固定点。

风管支、吊架宜按国标图集 08K123 与规范选用强度和刚度相适应的形式和规格。对

图 2-63　风管安装

图 2-64　中央空调风柜

图 2-65　风管分层安装

于直径或边长大于 2500mm 的超宽、超重等特殊风管的支、吊架应按设计规定。

支、吊架不宜设置在风口、阀门、检查门及自控机构处，离风口或插接管的距离不宜小于 200mm。

当水平悬吊的主、干风管长度超过 20m 时，应设置防止摆动的固定点，每个系统不应少于 1 个。

吊架的螺孔应采用机械加工。吊杆应平直，螺纹完整、光洁。安装后各副支、吊架的受力应均匀，无明显变形。

保温风管的支吊架应设置在保温层外部，不得损坏保温层，并设置防冷桥措施。

各类风阀应安装在便于操作及检修的部位，安装后的手动或电动操作装置应灵活、可靠，阀板关闭应保持严密。

防火阀直径或长边尺寸大于等于 630mm 时，宜设独立支、吊架。

风口与风管的连接应严密、牢固，与装饰面相紧贴，表面平整、不变形，调节灵活、整齐、可靠。

条形风口的安装，接缝处应衔接自然，无明显缝隙。同房间内的相同风口的安装高度应一致，排列应整齐。明装无吊顶的风口，安装位置和标高偏差不应大于 10mm。风口水平安装，水平度的偏差不应大于 3/1000；风口垂直安装，垂直度的偏差不应大于 2/1000。

⑪成品保护

成品、半成品加工成型后，应存放在宽敞、避雨、避雷的仓库中。置于干燥、隔潮的木头垫、架上。按系统规格和编号堆放整齐，避免相互碰撞造成表面损伤，要保持所有产品表面的光滑、洁净。成品、半成品运输、装卸时，应轻拿轻放。风管较多或高出车身的部分要绑扎牢固，避免来回碰撞，损坏风管及配件。

⑫注意事项

风管安装前，应清除内外杂物，并做好清洁和保护工作。

风管安装完毕或暂停施工时，敞口端用塑料薄膜封堵，以防杂物进入。

风管成品应码放在平整、无积水、宽敞的场地，不与其他材料、设备等混放在一起，并有防雨、泥措施。码放时应按系统编号，整齐、合理，便于装运。

参加施工的工作人员必须持证上岗，熟知本工种的安全技术操作规程。在操作中，坚守工作岗位，严禁酒后作业，严禁施工现场吸烟。

进入施工现场要正确佩戴安全帽，穿好工作服。

施工之前必须在四周搭设好安全防护措施并设专职安全员负责管理巡视。现场的安全设施及安全防护不得随意更改、易位或拆除。若风管安装需要变动，需制定措施报请安全人员同意后实施。

凡患有高血压、心脏病、贫血症、癫痫症以及恐高症的人员不得从事高空作业。高处作业必须系好安全带，上下传递物品不得抛投，小件工具要放在工具袋内，不得任意放置，防止坠落伤人。

从事电、气焊或气割作业前，应清理作业周围的可燃物体或采取可靠的隔离措施。对需要办理动火证的场所，在取得相应手续后方可动工，并设专人进行监护，作业地点要配备消防器材。

氧气瓶不得和可燃气瓶同放一处。

风管及部件吊装前，应确认吊锚点的强度和绳索的绑扎是否符合吊装要求。确认无误后应先进行试吊，然后正式起吊。

吊装风管时，严禁人员站在被吊装风管下面，风管上严禁站人。

风管正式起吊前应先进行试吊，试吊高度一般离地 200 ~ 300mm。仔细检查倒链或滑轮受力点和捆绑风管的绳索、绳扣是否牢固，风管的中心是否正确、无倾斜，确认无误后方可继续起吊。

风管安装流动性较大，对电源线路不得随意乱接乱用，设专人对现场用电进行管理。

施工脚手架的搭设必须符合安全要求，作业层设置二道防护栏杆，满铺脚手板，不得使用单板、浮板、探头板。

支吊架涂漆时不得对周围的墙面、地面、工艺设备造成二次污染。

二、净化空调系统施工工艺

净化空调广泛应用于医院手术室，食品、药品、化妆品及环境检测的微生物实验室等。施工程序为：施工准备→风管制作→配件的清洗去污→风管清洗→风管安装→设备安装→调试和试运行。

（1）施工准备工作

仔细察看设计图纸，深刻理解设计意图。对设计意图未能掌握或理解不清楚的地方要及时与行沟通。

根据设计要求、图纸会审记录及相关文件确定工程量，计算项目施工所需的材料、人工、机械。

确定资金计划及机械进场计划和人员进场计划。

根据现场条件确定人员进场时间及材料进场时间及批次。

对设计和施工方面的疑问和建议应提前与业主沟通。

合理安排施工前的其他各项准备。

（2）风管制作工艺流程（图 2-66）

净化空调系统的风管及其零部件的制作除按一般通风空调系统的要求进行外，还有其特殊之处，主要包括：

净化风管制作场地要求：封闭、洁净，采光、照明条件好，并尽量靠近安装现场，远离居住、办公场所。

净化风管咬口制作要求：钢板的咬接采用单咬口或转角咬口。

矩形钢板风管大边边长大于 800mm，段长大于 1200mm 时，必须采取合适的加固措施。加固时加固框不得设于风管内，且不得采用凸棱法。

制作风管应尽量减少拼接。矩形风管底边为 900mm 以上时，应尽量采用纵身拼缝。系统中不得出现横向拼接缝。所有纵向接缝安装时均应置于外侧（不得置于易积尘的底部），并用密封胶或者其他密封以保证严密。

风管加固材料、法兰及连接螺栓、铆钉等碳素钢材料，均应做镀锌或防腐处理。法兰铆钉孔间距不应大于 100mm，连接螺栓孔距不应大于 15mm，以保证连接的牢固性（图 2-67）。

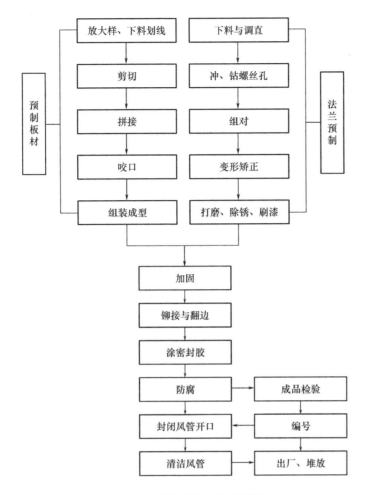

图 2-66 风管制作工艺流程图

图 2-67 风管安装

法兰垫料、清扫孔及检视门的密封垫料，应选用不透气、不产尘、弹性好和具有一定强度的密封材料（如橡胶板、闭孔海绵橡胶板等）厚度 6 ~ 8mm。严禁使用厚纸板、石棉绳、铅油、麻丝、油毡纸易产尘材料。

法兰垫料应尽量减少接头，接头必须采用梯形或楔形连接并应涂胶粘牢。法兰均匀压紧后，垫料宽度应与风管内壁平。

（3）风管制作注意事项

材质须用优质国标镀锌板制作。

镀锌板加工前须先清洗、擦净、干燥后使用。

风管折角平整，每面垂直直线度误差小于 1.0mm。

制作法兰须用优质国标角钢，除锈、切割、钻孔后刷底漆。干燥后刷防锈漆再干燥后待用。

净化风管制作后应清除内外杂物，清洗擦净后用干净塑料布封住两端，待安装时拆封。风管截面积超过 0.8m² 的风管安装前清洗，擦干净后进行安装。

减震木条选用松木条，经干燥后切割，表面涂防腐漆待干燥后用。

风管吊件为镀锌优质冷拉圆钢，通体有丝可调高度。

擦拭镀锌钢板风管采用白色绸布和中性清洁剂。

所有风管法兰禁用拉铆钉。连接法兰的螺栓应均匀拧紧，其螺母宜在同侧。

风管制作尽量采用三角整体折边，一角折边立咬口。焊接法兰的焊缝应平整，不应有裂缝、凸瘤、穿透的夹渣、气孔及其他缺陷。

风管管边 <900mm 时，底面板不应有拼接缝，>900mm 时，不应有横向拼接缝。

风管所用螺栓、螺母、垫圈均为镀锌制品。

风管、法兰按图纸加工并编好号码待用。

风帽和表冷器的滴水盘、滴水槽选用镀锌或不锈钢材质。安装牢固，并设有泄水出口。

（4）安装前准备

所有相关的设备、材料进场后认真检查，检查是否在进场途中损坏以及材料要求是否合格。

（5）配件清洗去污

板材上的油污，做到一摸、二擦、三查，保证将油污彻底清除干净。

内管、部件、配件半成品组合，应先将咬口处污物清除干净，组合铆接后，采用涂胶或锡堵塞缝隙和孔洞。翻边宽度一致，应大于 7mm，但不得过度，以免遮盖住螺孔，不平整度小于 1mm。

（6）风管清洗

先用清水或纯水冲洗，然后用中性清洗剂清洗，再用清水冲洗，合格以后的风管立即用塑料薄膜封口处理。

（7）风管安装（图 2-68、图 2-69）

先从主管根部开始向前安装，风管一经开封，即与法兰连接好，避免敞口时间过长灰尘侵入风管内。暂不相接的一边端口不要启口。

净化风管采用单咬口或转角咬口。

风管采用纵深拼缝，所有纵向接缝置于外则，并用密封胶密封以保证严密。

图 2-68　带初、中效洁净风柜

图 2-69　风管保温

法兰密封垫料采用厚度为 6 ~ 8mm 的耐酸橡胶板，垫料接口方式采用梯形接口连接并应涂胶粘牢。法兰均匀压紧后，补垫宽度应与风管内壁平齐，通风管道采用 3mm 厚耐酸橡胶板。

待安装的成品件，不论自制或外购，均应进行清理检查，达到洁净要求时方可封口。

系统中安装的柔性短管，不宜使用帆布制作，而应选用里表光滑、不积尘、不透气材料（如橡塑胶板、人造革），连接时也应严密不漏。

阀门的活动件、固定件及拉杆等应做镀锌防腐处理，与阀体连接不得有缝隙。

（8）检测孔

在末级和中间过滤器前后的风管便于操作的侧面均要预留测压孔。在新风管总送、回风管及支管上均要预留流量检测孔，检测孔应采用不易锈蚀的材料制作，孔口应能封闭严密。

检查孔（清扫孔）：风管内安装的设备或构件（如防火阀等）需设检查孔；为保证送风管洁净度和过滤器使用寿命，应在风管适当位置清扫孔。设置在风管上的清扫口及检查门，应便于开关，密封良好。风管检查门的密闭垫料应采用软橡胶条或成型胶条制作。检查孔（清扫孔）、检测孔位置由安装单位在规范范围内现场确定。

（9）风管安装注意事项

风管、静压箱及其他部件，须经二次清洗擦拭干净。当施工停顿或完毕时端口应封好。

风管与洁净室吊顶、隔墙等围护结构的接缝处应严密。

各类风管部件及操作机构的安装，应能保证其正常的使用功能。并便于操作（图2-87）。

防火阀、消声器的安装方向、位置应正确。为防止防火阀易熔片脱落，易熔片应在系统安装完工后再安装。

柔性短管的安装应松紧适当，缝合处应做检查，安装后不能扭曲。

风管水平安装时，直径或长边尺寸小于400mm，支吊架间距小于4m；直径或长边尺寸大于400mm，支吊架间距不应大于3m。

风管垂直安装时，固定支架间距小于4m，单根支管至少2个固定点。

风管支、吊架不宜设置在风口、门、检查门及自控机构处，离风口或插接管的距离大于200mm。

净化风管应在咬口缝、铆钉缝以及法兰翻边四角等缝隙处洒取涂密封胶或其他封闭措施。

净化风管如无法兰连接，不得使用S形插条、直角型平插条及立联合角插条。

风管系统安装完毕后，须进行严密性检验。全部风管系统都须经漏光测试及漏风量测试。

材料设备进场后，开封、拆箱清点，核对供货单与装箱单。镀锌板、不锈钢板不能为下差板，须用卡尺抽样检查。不安装时，要采取临时保护防尘措施。施工现场已具备安装条件时，应将预制加工的风管、部件按照安装的顺序和不同系统运至施工现场，再将风管和部件按照编号组对，复核无误后方可连接和安装。

（10）风管保温（图2-88）

漏光测试、漏风量测试检漏无误后方可做管道保温。

清洗管道表面灰尘，均匀涂抹胶水。

选用定型保温橡塑海绵板（氧指数要求大于32）粘贴于风管外。

（11）密封硅胶

在净化区内，凡是有可能影响洁净度的下述缝隙，均应涂密封硅胶：空调风管、风口、高效过滤器与壁顶板间的缝隙；电气穿过壁板顶板的保护管槽与洞口边缘间的缝隙；所有开关插座灯具与玻镁板顶板面间的缝隙；所有工艺、给排水、保护管与洞口的间隙；玻镁板之间的拼接缝、R角与壁板、顶板的所有缝隙；玻璃与门窗框间的缝隙。密封硅胶应在玻镁板安装基本就绪，卫生条件较好，经过彻底清扫除尘后，统一进行。否则硅胶缝易污染、发黑。硅胶打好后24小时内，不应有大量灰尘作业及用水冲洗地面等可能影响密封硅胶的固化及牢度。

（12）通风、空调设备安装

根据施工场地标出的安装十字线、预留孔位等进行设备安装。

空调器、新风机组安装前需进行检查验收，合格后进行清理处理，要求达到无油污、无灰尘，并对所有孔洞进行封闭。

设备与系统风管连接，应预先做好尺寸准确配接管，经洁净处理验收后封好两端口，运到现场启封安装，敞口时间不得过长，并要确保污物灰尘不侵入风管或设备之内。

（13）涂漆

保温风管、法兰，在表面除锈后刷防锈漆两遍。

不保温的风管、法兰、金属支吊架等，在表面除锈后，刷防漆和色漆各两遍。

（14）调试与试运行

单机试运转：通风机、排风机、空调机组、制冷设备等，应逐台启动投入运转，考核检查其基础、转向、传动、润滑、平衡、温升的牢固性、正确性、灵活性、可靠性、合理性等。

（15）高效过滤器安装（图 2-70 ~ 图 2-72）

图 2-70　初效过滤器

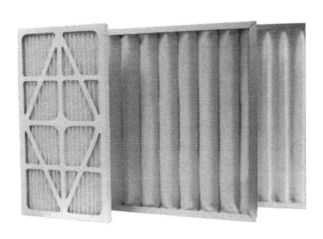

图 2-71　中效过滤袋

图 2-72　高效过滤器

　　高效过滤器安装前必须逐个检查，过滤器滤纸应无裂缝针孔及其他损坏（可用强光检查），其外形尺寸不允许超过 ±1mm，对角线尺寸的误差应不超过 ±1.5mm。

　　高效过滤器必须待洁净风管安装完毕，并全面洁扫、吹洗和试车达到洁净要求，经检查合格后立即安装就位。

　　过滤器与框架之间的密封垫料应定位粘贴在过滤器边框上。粘贴前先除净过滤边框上的污物，粘贴拼接采用榫接，胶板厚度为 5mm。

　　安装时应注意外框上的箭头要与气流万向一致，不得装反，不得用头、手或工具等触摸滤纸，以防损坏高效过滤器风口。

　　（16）系统的测定与调整

　　使用风速仪测定组合式空调机组的送风量。

　　按"动压（或流量）等比法"调整系统的风量分配，确保与设计值相一致。

　　风量调整后，应将所有风阀固定，并在调节手柄上以油漆刷上标记。

　　（17）冷（热）态调测

　　考核并测定加热器、制冷机等设备的能力。

　　按不同的设计工况进行试运行，调整至符合设计参数。

　　测定与调整室内的温度和湿度，使之符合设计规定数值。

　　（18）综合调试

　　根据实际气象条件，使系统连续运行不少于 24 小时，并对系统进行全面检查，调整、考核各项指标，全部达到设计要求为合格。

　　（19）施工注意事项

　　对设计施工图纸进行深化设计，风、水管、电缆桥架等分层安装。

　　接缝：不允许管道有横向接缝，纵向接缝也要尽量减少。当底边不大于 800mm 时，在底边上也不允许有纵向接缝。

　　密封：所有咬口缝、翻边处、铆钉处都必须涂密封胶。

　　加固筋：不允许设在管内。

法兰：四角应设螺钉孔，孔距不大于100mm时，螺钉、螺母、垫片、铆钉均应镀锌材料。

测孔：管径大于500mm安装时必须清除内表面的油污和尘土，应用不易掉纤维的材料多次擦拭系统内表面。

密封：各种密封垫（不论是管道法兰上的还是各种密闭门框上的）严禁在其表面刷涂涂料。制作风管、部件前，应将镀锌钢板上的油污和灰尘擦洗干净，防止钢板表面的油膜沾染灰尘。油污擦洗后再用清水擦布将清洗剂的残留物擦净。

洁净系统的风管、部件制作时，应选择环境清洁、干燥、远离尘源或上风侧作为预制加工的场地。制作完毕应将两端和所有开口处用塑料薄膜包口封闭，用粘胶带粘牢，防止灰尘进入风管内。

风管安装前，在施工现场将风管两端封闭塑料薄膜打开，再一次将风管内后来带入的灰尘进行擦拭。系统安装完毕或暂停安装时，必须将风管的开口处封闭，防止灰尘进入。

洁净系统风管的咬口形式，采用咬口缝隙较小的转角咬口及联合角咬口。洁净系统对风管的咬口缝必须达到连续、紧密、宽度均匀，无孔洞、半咬口及胀裂现象。

风管的咬口缝、风管翻边的四个角，必须用密封胶进行密封。密封胶应采用对金属不腐蚀、流动性好、固化快、富于弹性及遇到潮湿不易脱落的产品。在涂抹密封胶时，为保证密封胶与金属薄板粘接的牢固，涂抹前必须将密封处的油污擦洗干净。

洁净系统风管拼接缝不能过多。矩形风管底边800mm以内，不应有拼接缝；800mm以上，尽量减少纵向接缝，但不得有横向接缝。

三、排风、新风系统

实验室通风与舒适性空调系统的通风设计要求不同，主要目的是提供安全、舒适的工作环境，减少人员暴露在危险空气下的可能。通风主要解决的是工作环境对实验人员的身体健康和劳动保护问题。

实验室通风要求新风全部来自室外，然后100%排出室外，通风柜的排气不在室内循环。化学实验室换气要求每小时大于10次，物理实验室每小时大于8次，实验室无人时换气可减少为6次。实验室通风柜设计数量要足够，并且不作为唯一的室内排风装置，仪器室或产生危险物质的仪器上方设局部排风系统。

实验室的补风：部分来自空调系统直接送入实验室的新风，这部分新风根据实验室排风量的变化而变化；另一部分通过空调系统送入非实验室区域的走道、房间再通过实验室的门缝补给。实验室的负压通过送、排风风量和送排风口的布置来实现，气流组织从办公、管理用房、内走道到产生危险物质的实验房间。通风柜的位置布置在远离空气流动、紊流大的地方，远离行走区域和空气新风区。新风从远离通风柜的地方引入，空气流动路径远离通风柜。

（1）确定新（排）风机的风量

空调系统的新风量依据机房设计规范应取以下三项中的最大值：

①室内总送风量；

②保证工作人员每人40～60m³/h，因此需要知道最大工位数，但通常这个因素都不会影响到最终的风量取值；

③维持室内正压：通常取实验室容积的2倍配置新风量，因此需要知道室内的长宽高，高度指参与循环的高度，通常指楼板间距。

（2）确定新（排）风机的形式

根据室内特点，确定适用的新（排）风机的形式：

①柜式：特点美观、安装简单、效果直观、使用方便、维护简单，但是要求安装在新风采集口附近，占用地面，设备价格稍贵。

②吊顶式：特点隐藏安装，不占用地面。设备价格相对便宜，安装位置灵活，但安装费较高，维护较麻烦（图2-73）。

③窗机：简单便宜，过滤效率低，易堵。

（3）确定功能

是否需要温度预处理？是否需要双向换气？是否需要主动排风？是否需要余压阀？是否需要防火阀？过滤级别有无特别要求？

图2-73 吊顶式新风机

（4）确定新（排）风系统的路由

新（排）风从何处进？经过什么路线？最终送（排）到何处？

此时需要尽量详细的平面图纸，并在图纸上标明制作草图。路线要保证可行，尽量少弯头、三通等增加阻力的设计。

一般新风要送到机房空调回风口1m距离内，如果直接送到室内，则风管尽量减少阻力。风口布局在门口附近，人会感觉正压较大，因为人通常通过门缝漏风感觉正压的。风道系统不要阻隔空调系统的回风。正规的排烟风道尽量伸到地板下抽出烟气，因为烟气比重大，是沉在地面上的。室内的送排风口同理也要尽量远。

（5）确定新风系统的具体组成部分

新（排）风机的风道系统，从新风进口（排风出口）到新风出口（排风进口），一般都会设有新风进风口（排风外墙出口）、新（排）风电动防火阀、风道、新风进口（排风出口）软连接、新（排）风机（图2-74）、新风出口（排风进口）软连接、（消声器/静压箱）、风道、接百叶风口的软连接、新风出风（排烟进风）百叶风口。

图2-74 新风过滤器

四、电气安装工程

实验室供电系统也是实验室最基本的条件之一。实验室用电主要包括照明用电、设备用电、空调用电等。实验室的种类繁多，涉及化学、生化、物理等。每个实验室其功能不同，用电量也不同。设备容量的大小从几瓦、几十瓦，大到上千瓦。根据这些特点，在供电设计中应考虑以下方面：

每一实验室内要有三相交流电和单相交流电，最好设置一个总电源控制开关，嵌装在室内靠走廊一面的墙内。这样做不但从走廊引线方便，控制检修也方便。当实验室无人时，应能切断室内电源。

室内固定的用电设备，如烘箱、恒温箱、冰箱等，其用电有两种情况，一种是在实验过程中使用，实验结束时就停止使用，第二种是设备在实验停止后仍须运转。

处理方法为：第一种情况设备应连接在该实验室的总电源上，第二种情况设备则应有专用供电电源，以免因切断实验室的总电源而影响工作。

每一个实验台都要设置一定数量的电源插座，至少有一个三相插座和数个单相插座。这些插座应有开关控制和保险设备，以防万一发生短路时不致影响整个室内的正常供电。

实验室因需要电流电压稳定，所以配电导线采用铜芯较合适。

实验室的供电必须设置三相常用和备用电源各一路，分别由两个变电所专线供电，以防止电压波动。

电源插座有漏电保护开关、过载保护开关等。电源插座应远离水源和燃气、氢气等喷嘴口，不影响实验台仪器的放置和操作位置。线槽主要为多功能钢线槽（主要用于试剂架上）和 PVC 线槽配插座（主要用于边台和中央台台面上）。电源采用三相五线制 220/380V。

实验室照明用电、设备用电、消防用电、洁净区用电均应分路设计（图 2-75）。

图 2-75　实验室管线应整齐

实验室用电应根据实验室平面布局和实验室家具位置设计。

导线选用 NH-BYJ 电线及电缆 YJV 型电线穿镀锌管于彩钢夹芯板墙体中、天花吊顶上、地板找平层中暗敷。电气线路经建筑物沉降缝或伸缩缝处，应装设两端固定的补偿装置。

截面为 $10mm^2$ 及以下的单股铜芯线可直接与设备、器具的端子连接。多股铜芯线应先拧紧搪锡或压接端子后再与设备、器具的端子连接。

照明配电箱内应分别设置零线和保护接地线（PE线）汇流排。不得用箱内的接地螺栓作为汇流排使用。

接地（PE）或接零（PEN）支线必须单独与接地（PE）或接零（PEN）干线相连接，不得串联连接。照明配电箱（盘）安装应符合下列规定：

①箱（盘）内配线整齐，无铰接现象。导线连接紧密，不伤芯线，不断股。垫圈下螺丝两侧压的导线截面积相同，同一端子上导线连接不多于2根，防松垫圈等零件齐全。

②箱（盘）内开关动作灵活可靠，带有漏电保护的回路，漏电保护装置动作电流不大于30mA，动作时间不大于0.1秒。

③照明箱（盘）内分别设置零线（N）和保护地线（PE线）汇流排，零线和保护地线经汇流排配出。

接地处的两端用专用接地卡固定跨接接地线。金属线槽不作设备的接地导体，当设计无要求时，金属线槽全长不少于2处与接地（PE）或接零（PEN）干线连接。

当绝缘导管在砌体上剔槽埋设时，应采用强度等级不小于M10的水泥砂浆抹面保护，保护层厚度大于15mm。

室外导管的管口应设置在盒、箱内。在落地式配电箱内的管口，箱底无封板的，管口应高出基础面50～80mm。所有管口在穿入电线、电缆后应做密封处理。由箱式变电所或落地式配电箱引向建筑物的导管，建筑物一侧的导管管口应设在建筑物内。

电缆导管的弯曲半径不应小于电缆最小允许弯曲半径，电缆最小允许弯曲半径应符合规范。

金属导管内外壁应防腐处理；埋设于混凝土内的导管内壁应做防腐处理，外壁可不防腐处理。暗配导管埋设深度与建筑物、构筑物表面距离不应小于15mm。明配导管应排列整齐，固定点间距均匀，安装牢固。在终端、弯头中点或柜、台、箱、盘等边缘的距离150～500mm范围内设有管卡。

三相或单相的交流单芯电缆，不得单独穿于钢导管内。

不同回路、不同电压等级和交流与直流的电线，不应穿于同一导管内；同一交流回路的电线应穿于同一金属导管内，且管内电线不得有接头。

线槽敷线应符合下列规定：

①电线在线槽内应有余量，不得有接头。电线按回路编号分段绑扎，绑扎点间距不应大于2m。同一回路的相线和零线，敷设于同一金属线槽内。

②同一电源的不同回路无抗干扰要求的线路可敷设于同一线槽内；敷设于同一线槽内有抗干扰要求的线路用隔板隔离，或采用屏蔽电线且屏蔽护套一端接地。

电器、插座应使用符合规范、有相关产品质量认证的产品，实验室用电还应注意：

①每层楼的照明用电设一个总控制箱，每间房间设开关。

②每间房间应设置空调用电插座（高温室、制水室、超声室、灭菌室、培养室等除外），功率根据房间大小而定。

③实验台根据《实验室家具用户需求》布置插座，除试剂贮存室外每间房间还需至少2个插座。

④每间房间设备用电、插座用电均单独设置空气开关，每层楼设置一个总控制箱。

⑤洁净区用电在洁净区外设置控制箱。

1．电气配管及管内穿线技术要求

（1）工艺流程

暗管敷设：煨弯、切管、套丝→测定箱盒位置→稳住箱盒→管路连接→配合现浇混凝土配管→地线焊接。

明管、吊顶内管路敷设：预制加工管弯、支架→箱、盒侧位→支、吊架固定（胀管法）→箱、盒固定→管路连接→跨接地线。

管内穿线：扫管→穿带线→放线与断线→导线与带线的绑扎→管口带护口→导线连接→线路绝缘摇测。

（2）暗管敷设（图 2–76）

暗配的电线管路宜沿最近的线路敷设并应减少弯曲，埋入墙或混凝土内的管子离表面的净距不应小于 15mm。

根据设计图和现场情况加工好各种盒、箱、管弯。钢管煨弯采用冷煨法，一般管径为 20mm 及以下时，用手扳煨弯器；管径为 25mm 及以上时，使用液压煨管器。管子断口处应平齐不歪斜，刮锉光滑，无毛刺。

以土建弹出的水平线为基准，根据设计图要求确定盒、箱实际尺寸位置，并将盒、箱固定牢固。

管路超过下列长度，应加装接线盒，其位置应便于穿线：无弯时 30m，有一个弯时 20m，有两个弯时 15m，有三个弯时 8m。盒、箱开孔应整齐并与管径相吻合，要求一管一孔，不得开长孔，确定尺寸位置，并将盒、箱固定牢固。

套管长度为连接管径的 1.5 ~ 3 倍。连接管口的对口处应置套管的中心，施焊时，焊口应满焊接牢固严密。采用紧定螺钉应拧紧，在振动的场所，紧定螺钉应有防松动措施。

管口入盒、箱，暗配管可用跨接地线焊接固定在盒棱边上，严禁管口与敲落孔焊接。管口露出盒、箱应小于 5mm，有锁紧螺母者与锁紧螺母平，露出锁紧螺母的丝扣为 2 ~ 4 扣。

图 2–76　实验室暗敷布线

将堵好的盒子固定牢后敷管，管路每隔 1m 左右用铅丝绑扎牢。

用 Φ5 圆钢与跨接地线焊接，跨接地线两端焊接面不得小于该跨接线截面的 6 倍，焊缝均匀牢固，焊接处刷防腐漆。

（3）明管敷设（图 2-77）

明配管弯曲半径 一般不小于管外径 6 倍，如有一个弯时应不小于管外径的 4 倍。

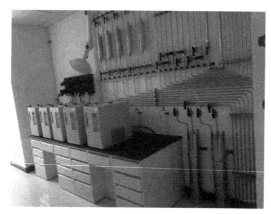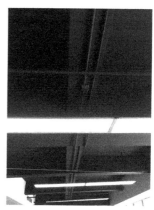

图 2-77　实验室明敷管线

根据设计首先测出盒箱与出线口的准确位置，然后按照安装标准的固定点间距要求确定支、吊架的具体位置。固定点的距离应均匀，管卡与终端、转弯中点、电气器具或箱盒边缘的距离为 150 ~ 500mm。钢管中间管卡的最大距离：φ25 ~ φ20mm 时为 1.5m，φ25 ~ φ32mm 时为 2m。

明装箱盒安装应牢固平整，开孔整齐并与管径相吻合，要求一管一孔。钢管进入灯头盒、开关盒、接线盒及配电箱时，露出锁紧螺母的丝扣为 2 ~ 4 扣。

钢管与设备连接时，应将钢管敷设到设备内。如不能直接进入时，在干燥房间内可在钢管出口处装设防水弯头再套绝缘软管保护，软管与设备之间的连接应用软管接头连接，长度不宜超过 1m，钢管露出地面的管口距地面高度应不小于 200mm。

吊顶内管路敷设。在灯头测定后，用不少于 2 个螺丝把灯头盒固定牢固，管路应敷设在主龙骨上，管入箱、盒，并应里外带锁紧螺母。管路主要采用配套管卡固定，固定点间距不小于 1.5m。吊顶内灯头盒至灯位采用金属软管过渡，长度不宜超过 0.5m，其两端应使用专用接头。吊顶内各种盒、箱的安装口方向应朝向检查口以利于维护检查。

（4）管内穿线

相线、中性线及保护地线的颜色应加以区分，用淡蓝色导线为中性线，用黄绿颜色相间的导线为保护地线。

穿带线：带线一般采用 φ1.2 ~ φ2.0mm 的铁丝，将其头部弯成不封口的圆圈穿入管内。在管路较长或转弯较多时，可以在敷设管路同时将带线一并穿好。穿线受阻时，应用两根带线在管路两端同时搅动，使两根铁丝的端头互相钩绞在一起，然后将带线拉出。

穿线前，钢管口上应先装上护口。管路较长、弯曲较多、穿线困难时，可往管内吹入适量的化石粉润滑。两人穿线时，应配合协调好，一拉一送。

单股铜导线一般采用 LC 安全型压线帽连接。将导线绝缘层剥去 10～12mm，清除氧化物，按规格选用适当的压线帽，将线芯插入压线帽的压接管内，若填不实，可将线芯折回头，填满为止。线芯插到底后，导线绝缘应和压接管平齐，并包在帽壳内，用专用压接钳压实即可。多股导线采用同规格的接线端子压接。削去导线的绝缘层，将线芯紧紧地绞在一起，清除套管、接线端子孔内的氧化膜，将线芯插入，用压接钳压紧。导线外露部分应小于 1～2mm。

（5）绝缘摇测

用 500V 兆欧表对线路的干线和支线的绝缘摇测。在电气器具、设备未安装接线前摇测一次，在其安装接线后送电前再摇测一次，确认绝缘摇测无误后再进行送电试运行。

2. 电缆桥架安装技术要求（图 2-78）

（1）弹线定位

根据设计图纸确定进出线、盒、箱、柜等电气器具安装位置，从始端至终端找好水平线或垂直线，用粉线袋沿墙壁、顶棚，沿线路中心线弹线。按照设计图要求及施工验收规范规定，分匀档距，并用笔标出具体位置。

图 2-78 电缆桥架

（2）支架与吊架安装

弹线定位→金属膨胀螺栓安装→螺栓固定支架与吊架 →线槽安装→保护地线。

支吊架所用钢材应平直，无扭曲，下料后长短偏差应在5mm范围内，切口处应无卷边、毛刺。

钢支架与吊架应安装牢固，无显著变形，焊缝均匀平整，焊缝长度应符合要求，不得出现裂纹、咬边、气孔、凹陷、漏焊、焊漏等缺陷，焊后应做好防腐处理。

支架与吊架的用料规格：角钢∠40×40×4，吊杆直径10mm。

固定支点间距一般不大于 1.5～2m。在进出接线盒、箱、柜、转角和变形缝两端及丁字接头的三端 500mm 以内应设置固定支持点。

支架与吊架距离上层楼板不应小于 150～200mm，距地面高度不应低于 100～

图 2-79　电缆线槽

150mm。

（3）线槽安装（图 2-79）

线槽应平整，无扭曲变形，内壁无毛刺，附件齐全。

线槽直线段连接采用连接板，用垫圈、弹簧垫圈、螺母紧固，接口缝隙严密平齐，槽盖装上后应平整，无翘角，出线口的位置准确。

线槽进行交叉、转弯、丁字连接时，应采用单通、二通、三通等进行变通连接，导线接头处应设置接线盒或将导线接头放在电气器具内。

线槽与盒、箱、柜等接茬时，进线与出线口等处应采用抱脚连接，并用螺丝紧固，末端应加装封堵。

不允许将穿过墙壁的线槽与墙上的孔洞一起抹死。

敷设在强、弱电竖井处的线槽在穿越楼板处要做防火处理。

3．电缆线路安装技术要求

（1）工艺流程

准备工作→电缆沿桥架敷设→水平、垂直敷设→整理固定→挂标志牌。

（2）敷设前准备工作

施工前应对电缆进行详细检查，规格、型号、截面、电压等级等均符合设计要求，外观无扭曲。

对 10kV 以下电缆，用 1kV 摇表摇测线间及对地的绝缘电阻，其值应不低 $10M\Omega$。

高层间强电竖井的大截面电缆采用绞磨机械牵引的方式敷设，由起重工配合，将机械安装固定在最高层适当位置，并将钢丝绳、大麻绳和滑轮安装好。

临时联络指挥系统的设置。高层内特别是电气竖井内电缆敷设，主要用无线电对讲机联络，手持扩音喇叭指挥，简易电话作为全线联络。

电气竖井中电缆敷设以电缆施工图为准，防止电缆交叉和混乱。

电缆支架的架设地点在最下层强电竖井附近。施工时先敷设竖井竖向电缆，完成后再敷设至变配电所的水平电缆。架设支架时应使电缆轴的转动方向保证电缆引出端在电缆轴的上方。

（3）电缆沿桥架敷设（图 2-80）

水平敷设：敷设方法主要为人力牵引。电缆沿桥架或托盘敷设时，应单层敷设，排列整齐，不得有交叉，拐弯处应以最大截面电缆允许弯曲半径为准。

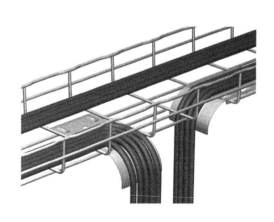

图 2-80　电缆桥架穿线示意图

电缆敷设到位后，每层至少加装两道卡固支架。

（4）挂标志牌

在电缆端头处挂标志牌，注明电缆编号、规格、型号及电压等级。

4．封闭插接母线安装技术要求

（1）工艺流程

设备点件检查→支架制作安装→封闭插接母线安装→试运行验收。

（2）设备点件检查

应由安装单位、建设单位和供货单位共同进行，并做好记录。根据装箱单检查设备及附件的规格、数量、品种，应符合设计要求。分段标志清晰齐全，外观无损伤，母线绝缘电阻符合设计要求。

（3）支架制作安装

根据施工现场结构类型，支架应采用角钢或槽钢制作，支架上钻孔应用台钻或手枪钻钻孔，不得用气焊割孔和断料，孔径不得大于固定螺栓直径 2mm。

支架安装应固定牢靠，膨胀螺栓固定支架不少于两条。吊架安装螺扣外露 2 ~ 4 扣，膨胀螺栓应加平垫和弹簧垫，吊架应用双螺母夹紧，支架焊接处刷防腐油漆应均匀，无遗漏。封闭母线水平敷设时支持点间距不应大于 2m。垂直敷设时，在通过各层楼板处采用专用附件支撑固定，在裙楼由于楼层较高，还需在每层中部增加一处固定，在母线末端 0.5m 内应有固定点。

（4）封闭母线的安装（图 2-81）

一般要求：封闭母线应按设计和产品技术文件规定进行组装。组装前应对每段进行绝缘电阻测定，应大于 10MΩ，并做好记录。母线端头应装封闭罩，母线外壳间有跨接地线，两端应可靠接地。母线与设备联接宜采用软连接，母线紧固螺栓由厂家配套供应，应用力矩扳手紧固。

母线水平敷设主要为悬挂吊装，吊杆直径应与母线槽重量相适应（一般为 φ12），螺母应能调节。

封闭式母线垂直安装，沿墙或柱子处，应做固定支架，过楼板处应加装防振装置，并做防水台。

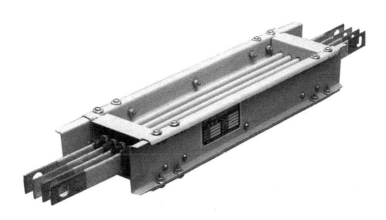

图 2-81　封闭插接母线

封闭式母线的连接不应在穿过楼板或墙壁处进行。

母线与母线间、母线与电气器具接线箱的搭接面，应清洁并涂以电力复合脂。

封闭式母线插接箱应可靠固定。

封闭式母线穿过防火墙、防火楼板时，应采用防火隔离措施。

（5）试运行验收

试运行条件：配电室已达到送电条件，土建和装饰工程及其他工程全部完工并清理干净，插接母线连接设备及联线安装完毕，绝缘合格。

对封闭式母线进行全面的整理、清扫干净，接头联接紧密，相序正确，外壳接地良好，绝缘摇测符合要求。

送电空载运行 24 小时无异常现象，办理验收手续。

5．配电柜安装技术要求

（1）工艺流程

设备开箱检查→设备搬运→柜（盘）稳装→柜（盘）二次线配线→试验调整→送电运行验收。

（2）开箱检查

按照设备清单、施工图纸及设备技术资料，核对设备本体及附件的规格型号应符合设计图纸要求。附件、备件齐全。产品合格证件、技术资料、说明书齐全。外观无损伤及变形，油漆完整，柜内电器装置及元件、器件齐全，无损伤。做好检查记录。

（3）设备运输

主要由人工和外用电梯运输。

（4）基础型钢安装

按图纸要求预制加工基础型钢架，并刷好防锈漆，用膨胀螺栓固定在所安装位置的混凝土楼面上，用水平尺找平、找正。在基础型钢内预留出接地扁钢端子。配电柜安装后，接地线与柜内接地排连接好。

（5）柜（盘）安装（图2-82、图2-83）

图 2-82　配电柜

图 2-83 配电箱

按施工图纸的布置，按顺序将柜放在基础型钢上，找平、找正。柜体与基础型钢固定，柜体与柜体、柜体与侧挡板均用镀锌螺丝连接。

（6）二次线连接

按原理图逐台检查柜上全部电气元件是否相符，其额定电压和控制操作电源电压必须一致。按图敷设柜与柜之间、柜与现场操作按钮之间的控制连接线。控制线校线后，将每根芯线连接在端子板上，一个端子压一根线，最多不能超过两根，多股线应刷锡，不准有断股。

（7）试验调整

将所有的接线端子螺丝再紧一次，用 500V 摇表在端子处测试各回路绝缘电阻，其值必须大于 0.5MΩ。将正式电源进线电缆拆掉，接上临时电源，按图纸要求，分别模拟试验控制、连锁、操作、继电保护和信号动作，应正确无误，可靠灵敏。完成后拆除临时电源，将被拆除的正式电源复位。

（8）送电运行验收

在安装作业全部完毕、质量检查部门检查全部合格后，按程序送电。测量三相电压是否正常，空载运行 24 小时，若无异常现象，办理验收手续。

6. 配电箱安装技术

明装配电箱底口距地 1.2m，用膨胀螺栓直接固定在墙上。配电箱应安装在安全、干燥、易操作的场所。配电箱内配线应排列整齐，并绑扎成束，压头牢固可靠。配电箱上的电气器具应牢固、平整、间距均匀、启闭灵活，铜端子无松动，零部件齐全。

根据设计要求找出配电箱位置，并按照箱外形尺寸进行弹线定位。确定固定点位置，用电锤在固定点位置钻孔，孔的大小应刚好将金属膨胀螺栓的胀管部分埋入墙内。将配电箱调整平直后固定。管线入箱后，将导线理顺，分清支路和相序，绑扎成束，剥削导线端头，逐个压在器具上。进出配电箱的导线应留有适当余度。

7. 电气工程施工工艺

施工前的准备工作主要是掌握设计图纸的设计内容，深刻领会设计意图。将设计图纸中所选用的电气设备和主要材料等进行统计，并做好材料准备工作。对采用的代用设备和材料要考虑供电安全和技术、经济等条件。

熟悉施工部位图纸、说明书，新材料、新工艺的使用说明，并认真核对且有专人负责。

考虑与主体工程和其他工程的配合问题，确定适宜的施工方法。为了保证工程质量，不应破坏建筑物的强度和损坏建筑物的美观；为了工程保证安全，应注意与其他专业工程不发生位置冲突。同时要满足安全净距的有关规定。

要求必须熟悉有关电力工程的技术规范，并严格按其施工。

8. 配电线路敷设应注意的几个问题

线缆桥架，管线敷设应横平竖直、牢固美观。凡金属线槽、管、盒均应做接地（接头处用软铜线做搭接）。

各金属线槽、线管，穿线口必须安装护口后再穿电线。

强电、弱电线缆须分开敷设。若受条件限制或一方数量较少时，可用线槽敷设，强电在下，弱电在上，并采取一定隔离措施。

线槽及线管中严禁有线缆接头。

穿线时根据施工图纸核对导线规格并分清线色：L1 为黄色线，L2 为绿色线，L3 为红色线，N 线为淡蓝色，PE 线为黄绿相间双色线。

9. 伸缩沉降缝处理

穿越伸缩沉降缝的钢管采用柔性连接。

10. 接地焊接

管路应作整体接地连接，穿过建筑物变形缝时，应有接地补偿装置。焊接钢管采用 $\phi 6$ 圆钢作接地跨接，跨接地线两端焊接长度不得小于圆钢的 6 倍。焊缝要均匀牢固，焊接处要清除药皮并刷防腐漆。镀锌钢管采用 $4mm^2$ 的双色铜芯绝缘线作跨接线。

11. 管内穿线

施工程序：施工准备→选择导线→穿拉线→清扫管路→放线及断线→导线与带线的绑扎→带护口→导线连接→导线焊接→导线包扎→线路检查绝缘摇测。

选择导线：各回路的导线应严格按照设计图纸选择型号规格，相线、零线及保护地线应加以区分。

穿带线：穿带线的目的是检查管路是否畅通，管路的走向及盒、箱质量是否符合设计及施工图要求。带线采用 $\phi 2mm$ 的钢丝，先将钢丝的一端弯成不封口的圆圈，再利用穿线器将带线穿入管路内，在管路的两端应留有 10 ~ 15cm 的余量（在管路较长或转弯多时，可以在敷设管路的同时将带线一并穿好）。当穿带线受阻时，用两根钢丝分别穿入管路的两端，同时搅动，使两根钢丝的端头互相钩绞在一起，然后将带线拉出。

清扫管路：配管完毕后，在穿线之前，必须对所有的管路进行清扫。清扫管路的目的是清除管路中的灰尘、泥水等杂物。具体方法为将布条的两端牢固地绑扎在带线上，两人来回拉动带线，将管内杂物清净。

12. 检查电线质量

要看。看有无质量体系认证书；看合格证是否规范；看有无厂名、厂址、检验章、生产日期；看电线上是否印有商标、规格、电压等。还要看电线铜芯的横断面，优等品紫铜颜色光亮、色泽柔和，铜芯黄中偏红，表明所用铜材质量较好，而黄中发白则是低质铜材，否则便是次品。

要试。可取一根电线头用手反复弯曲，凡是手感柔软、抗疲惫强度好、塑料或橡胶手感弹性大且电线绝缘体上无龟裂的就是优等品。

截取一段绝缘层，看其线芯是否位于绝缘层的正中。不居中的是由于工艺不高而造成的偏芯现象，在使用时假如功率小尚能平安无事，一旦用电量大，较薄一面很可能会被电流击穿。

要看其长度与线芯粗细有没有做手脚。在相关标准中规定，电线长度的误差不能超过5%，截面线径不能超过 0.02%。

13. 放线及断线

在穿线前，应检查钢管（电线管）各个管口的护口是否齐全，如有遗漏和破损，均应补齐和更换。

放线：放线前应根据设计图对导线的规格、型号进行核对。放线时导线应置于放线架或放线车上，不能将导线在地上随意拖拉，更不能野蛮使力，以防损坏绝缘层或拉断线芯。

断线：剪断导线时，导线的预留长度按以下情况予以考虑，接线盒、开关盒、插座盒及灯头盒内导线的预留长度为 15cm；配电箱内导线的预留长度为配电箱箱体周长的 1/2；干线在分支处，可不剪断导线而直接作分支接头。

14. 导线与带线的绑扎

当导线根数较少时，可将导线前端的绝缘层削去，然后将线芯直接插入带线的盘圈内并折回压实，绑扎牢固；当导线根数较多或导线截面较大时，可将导线前端的绝缘层削去，然后将线芯斜错排列在带线上，用绑线缠绕绑扎牢固（图 2-84）。

15. 导线连接

导线连接应满足以下要求：导线接头不能增加电阻值，受力导线不能降低原机械强度，不能降低原绝缘强度。为满足上述要求，在导线做电气连接时，必须先削掉绝缘再进行连

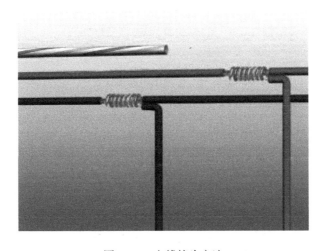

图 2-84　电线接头方法

接，多股线需搪锡或压接，包缠绳丝。

16. 导线包扎

首先用橡胶绝缘带从导线接头处始端的完好绝缘层开始，缠绕 1 ~ 2 个绝缘带宽度，再以半幅宽度重叠进行缠绕。在包扎过程中应尽可能地收紧绝缘带（一般将橡胶绝缘带拉长 2 倍后再进行缠绕）。而后在绝缘层上缠绕 1 ~ 2 圈后进行回缠，最后用黑胶布包扎。包扎时要搭接好，以半幅宽度边压边进行缠绕。

17. 穿线时应注意以下事项

同一交流回路的导线必须穿在同一管内。

不同回路、不同电压和交流与直流的导线，不得穿入同一管内。

导线在变形缝处，补偿装置应活动自如，导线应留有一定的余量。

18. 线路检查及绝缘摇测

线路检查：接、焊、包全部完成后，应进行自检和互检。检查导线接、焊、包是否符合设计要求及有关施工验收规范及质量验收标准的规定。不符合规定的应立即纠正，检查无误后方可进行绝缘摇测。

绝缘摇测：导线线路的绝缘摇测一般选用500V（图2-85）。填写"绝缘电阻测试记录"。摇动速度应保持在 120r/min 左右，读数应采用一分钟后的读数为宜。

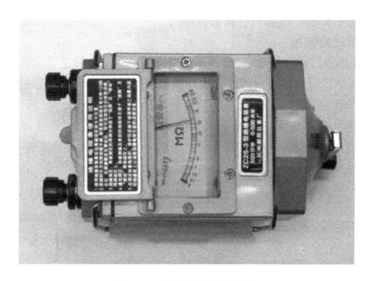

图 2-85　绝缘电阻测量仪表

19. 电气照明器具及配电箱安装技术要求

灯具安装施工程序：施工准备→检查灯具→灯具支吊架制作安装→灯具安装→通电试亮。

各种规格型号的灯具包括荧光灯、疏散指示灯、出口指示灯、标志牌、灯箱等（图2-86、图2-87）。根据灯具的形式及安装部位的不同，灯具的安装方式共分为以下几种：嵌入式安装、吸顶安装、钢构架上安装、嵌墙安装、悬挂式安装、支架安装等。

灯具检查：灯具的型号规格符合设计要求，各种标志灯的指示方向正确无误，应急灯

图 2-86 洁净实验室用灯具

图 2-87 三防灯

必须灵敏可靠。

嵌入式灯具安装：按照设计图纸，配合装饰工程的吊顶施工确定灯位。如为成排灯具，应先拉好灯位中心线、十字线定位。成排安装的灯具，中心线允许偏差为 5mm。在吊顶板上开灯位孔洞时，应先在灯具中心点位置钻一小洞，再根据灯具边框尺寸，扩大吊顶板眼孔，使灯具边框能盖好吊顶孔洞。嵌入吊顶内的轻型灯具的支架可以直接固定在主龙骨上，再将电源线引入灯箱与灯具的导线连接并包扎紧密，调整各个灯口和灯脚，装上灯泡，上好灯罩，最后调整灯具的边框与顶棚面的装修直线平行（图 2-88）。

图 2-88 实验嵌入式灯具

吸顶式灯具安装：根据设计图确定灯具的位置，将灯具紧贴建筑物顶板表面，使灯体完全遮盖住灯头盒，并用胀管螺栓将灯具予以固定。在电源线进入灯具进线孔处应套上塑料胶管以保护导线。如果灯具安装在吊顶上，则用自攻螺栓将灯体固定在龙骨上。

吊杆式灯具安装：根据图纸确定灯具安装位置，确定吊杆吊点；根据灯具的安装高度确定吊杆及导线的长度（使电线不受力）；打开灯具底座盖板，将电源线与灯内导线可靠连接，装上灯内附件。

吊链式灯具安装：根据图纸确定灯具安装位置，确定吊链吊点。打开尼龙栓塞孔，装入栓塞，用螺钉将吊链挂钩固定牢靠；根据灯具的安装高度确定吊链及导线的长度（使电线不受力）；打开灯具底座盖板，将电源线与灯内导线可靠连接，装上启辉器等附件；盖上底座，装上日光灯管，将日光灯挂好；将导线与接线盒内电源线连接，盖上接线盒盖板并理顺垂下的导线。

净化灯具安装：按施工图纸画灯具安装标线，灯具采用吸顶式净化灯。检查灯具底托及上盖密封条是否完好，无误后安装并在灯具与吊顶板接缝处打密封胶。

吸顶日光灯及壁装应急灯安装：根据设计图确定灯位，将灯具贴紧建筑物表面，灯箱应完全遮盖住灯头盒，对着灯头盒的位置，开好进线孔，将电源线甩入灯箱，在进线孔处应套上塑料管以保护导线。在灯箱的两端使用胀管螺栓加以固定，灯箱固定好后，将电源线压入灯箱内的端子板上，把灯具反光板固定在灯箱上，并把灯箱调整顺直，将灯管安装完成。

20．质量标准

灯具固定可靠，不使用木楔。每个灯具固定螺钉或螺栓不少于 2 个。

固定灯具带电部件绝缘材料以及提供防触电保护的绝缘材料，应耐燃烧和防明火。

灯具及其配件齐全，无机械损伤、变形、涂层剥落和灯罩破裂缺陷。

灯头的绝缘外壳不破损和漏电，带有开关的灯头，开关手柄无裸露的金属部分。

装有灯泡的吸顶灯具，灯泡不应紧贴灯罩。当灯泡与绝缘台间距离小于 5mm 时，灯泡与绝缘台间应采取隔热措施。

通电试亮：灯具安装完毕且各条支路的绝缘电阻摇测合格后，方能进行通电试亮工作。通电后应仔细检查和巡视，检查灯具的控制开关是否灵活、准确，开关与灯具控制顺序是否相对应，如发现问题必须先断电，然后查找原因进行修复。通电运行 24 小时无异常现象，才可进行竣工验收。

21．开关、插座安装

（1）开关安装

①材料要求

各型开关：规格型号必须符合设计要求，并有产品合格证。

塑料（台）板：应具有足够的强度，应平整，无弯翘变形等现象，并有产品合格证。

其他材料：金属膨胀螺栓、塑料胀管、镀锌螺丝、木砖等。

②作业条件

各种管路、盒子已经敷设完毕，盒子收口平整。

线路的导线已穿完，并已做完绝缘摇测。

墙面的浆活、油漆及壁纸等内装修工作均已完成。

③工艺流程

清理→接线→安装。

清理：用錾子轻轻地将盒子内残存的灰块剔掉，同时将其他杂物一并清出盒外，再用湿布将盒内灰尘擦净。

接线：将盒内甩出的导线留出需要长度，削出线芯，注意不要碰伤线芯。

安装：导线按顺时针方向盘绕在开关、插座对应的接线柱上，旋紧压头。

如果是独芯导线，也可将线芯直接插入接线孔内，再用顶丝将其压紧。

注意线芯不得外露。

④开关安装规定

拉线开关距地面的高度一般为 2 ~ 3m，距门口为 150 ~ 200mm，且拉线的出口应向下。

扳把开关距地面的高度为 1.4m，距门口为 150 ~ 200mm；开关不得置于单扇门后。

暗装开关的面板应端正、严密并与墙面平。

开关位置应与灯位相对应，同一室内开关方向应一致。

成排安装的开关高度应一致，高低差不大于 2mm，拉线开关相邻间距一般不小于 20mm。

多尘潮湿场所和户外选用防水瓷制拉线开关或加装保护盒。

在易燃、易爆和特别潮湿的场所，开关应分别采用防爆型、密闭型，或安装在其他处所控制。

同一场所的开关切断位置应一致，且操作灵活，接点接触可靠。

电器、灯具的相线应经开关控制。

（2）插座安装

①插座安装规定

暗装和工业用插座距地面不应低于 30cm。

同一室内安装的插座高低差不应大于 5mm，成排安装的插座高低差不应大于 2mm。

暗装的插座应有专用盒，盖板应端正严密并与墙面齐平。

落地插座应有保护盖板。

插座反面的接线标识"L"为火线接入口，"N"为零线接入口，另外为地线接入口。通常情况下红、黄、绿三色线多用为火线，蓝色线用为零线，黄、绿双色线为接地线。在接线时按照标识插入各种颜色的线，插入后无铜线裸露。在实验室中电源插座必须有接地线。在施工中，不可带电操作，应先关闭总电闸，再进行操作，后合上总闸，检查所有插座或其他配电设备是否具备相应功能（图 2-89）。

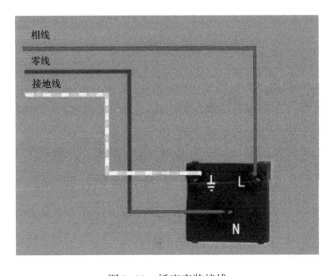

图 2-89　插座安装接线

单相三孔、三相五孔插座的接地（PE）或接零（PEN）线接在上孔。插座接地端子不与零线端子连接，同场所三相插座，接线的相序一致。

接地（PE）或接零（PEN）线在插座间不串联连接。

②特殊情况下插座安装应符合下列规定

当接插有触电危险家用电器的电源时，采用能断开电源的带开关插座，开关断开相线。

潮湿场所采用密封型并带保护地线触头的保护型插座，安装高度不低于1.5m。

22．防雷与接地装置安装技术要求

（1）工艺流程

接地体→支架→引下线明敷→避雷带。

（2）一般要求

接地体的埋设深度：其顶部不应小于0.6m，长度不应小于2.5m，相互间距一般不小于5m。接地体埋设位置距建筑物不宜小于1.5m。

接地极的连接应采用焊接，焊接处焊缝应饱满并有足够机械强度。镀锌扁钢间采用搭接焊时，焊接长度不小于其宽度的2倍，三面施焊，镀锌圆钢焊接长度为其直径的6倍并应双面施焊。

（3）接地体安装（图2-90）

按设计图要求，在接地体线路上挖掘深为0.8～1m的沟，沟上部稍宽。

图2-90　接地装置连接

先加工好一端为尖头形状的角钢接地极，沟挖好后，立即安装接地极和接地扁钢。一般用手锤将接地极垂直打入土中，将扁钢置于沟内与接地极焊接。扁钢应侧放，不可放平。扁钢与角钢接地极的位置距接地极最高点约100mm。

接地极连接完后，应及时请质检和有关部门进行隐检，并测量绝缘电阻，经检验合格后方可进行回填，分层夯实。

（4）明敷避雷带及防雷引下线施工

需先将所用圆钢调直，将其一端固定在牢固地锚的机具上，另一端固定在导链的夹具上进行冷拉直。支架高度一般为15mm，支持点间距不大于1.5m。将避雷带及引下线用大绳提升到顶部，顺直、敷设、卡固、焊成一体并及时与接地装置的引出扁钢焊好。屋顶上所有凸出的金属物、构筑物或者管道均应与避雷带连接（图2-91）。

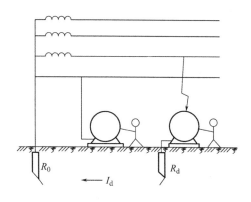

图 2-91 保护接地

23. 主控项目

当交流、直流或不同电压等级的插座安装在同一场所时，应有明显的区别，且必须选择不同结构、不同规格和不能互换的插座，配套的插头应按交流、直流或不同电压等级区别使用。

照明开关安装应符合下列规定：同一建筑物、构筑物的开关采用同一系列的产品，开关的通断位置一致，操作灵活，接触可靠。

24. 通电试运行

灯具、开关、插座、配电箱安装完毕，且各条支路的绝缘电阻摇测合格后，方允许通电试运行。此时将配电箱卡片框内的卡片填写好部位，编上号。通电后应仔细检查灯具的控制是否灵活准确，开关与灯具的控制顺序应相对应。检查插座的接线是否正确，其漏电开关动作应灵敏可靠。如果发现问题须先断电，然后查找原因进行修复。

25. 注意事项

各型开关、插座及绝缘导线等产品必须是符合有关标准的合格产品，有合格证。安装电工、焊工、起重吊装工和电气调试人员等，按有关要求持证上岗。

动力和照明工程的漏电保护装置应做模拟动作试验。

插座安装距地面为 32cm，同一室内安装的插座高低差不应大于 5mm。必须按插座上标明的相、零、地线的位置接线。暗装开关、插座的面板应与墙面平，配套螺丝固定牢固，固定时要使面板端正。

开关、插座的面板不平整，与建筑物表面之间有缝隙时，应调整面板后再拧紧固定螺丝，使其紧贴建筑物表面。

若开关未断相线，插座的相线、零线及地线压接混乱，应按要求进行改正。

多灯房间开关与控制灯具顺序应对应。在接线时应仔细分清各路灯具的导线，依次压接，并保证开关方向一致。

固定面板的螺丝应统一（有一字和十字螺丝）。为了美观，应选用统一的螺丝。

同一房间开关、插座的安装高度之差超出允许偏差范围时应及时更正。

铁管进盒护口不可脱落或遗漏。安装开关、插座接线时，应注意把护口带好。

开关、插座面板已经安装完成，但盒子过深（大于 2.5cm）、未加套盒处理时，应及时补上。

做好开关、插座安装工程、预检、自检、互检记录。

设计变更需做洽商记录、竣工图。

电气绝缘电阻应做测试记录。

电缆敷设前应进行绝缘摇测。1kV 及以下电缆用 1kV 兆欧表摇测，线间及对地的绝缘电阻应不低于 1MΩ。

按施工图敷设，每根线做标记，电线、电缆排列整齐，不交叉。

电缆托盘应按实地走向配制弯头部件，托盘内宜增设 25 的镀锌扁钢，以便和整个接地系统可靠电气连接。

所有配管均为钢管敷设，彩钢板内暗敷配管也使用钢管。

电气布线宜采用暗管敷设，导线在管内不应有结头和扭结，禁止将电线直接埋入抹灰层内。

吊顶上敷设钢管应做支架，导线管不得直接接触顶板。

强电与弱电不得同桥架敷设，避免强电磁场干扰弱电信号（图 2-92、图 2-93）。

图 2-92　强弱电分层布线

图 2-93　强弱电分开布线

所用电线、电缆均为优质材料，具有合格证及检测报告。

电缆托盘穿墙、楼板孔洞时，要用防火材料填充洞口，严禁直接用水泥堵塞孔洞。

在封堵电缆孔洞时，封墙应严实可靠，不应有明显的裂纹和可见的孔隙。孔洞较大者应加耐火衬板后再入行封堵。

在电力电缆接头两侧及相邻电线 2 ~ 3m 长的区段增加防火涂料或防火包带。

五、实验室给、排水管道施工

实验室给水与排水应根据实验室布局与实验室家具布置而设计。室内给水管一般使用无害绿色环保 PP-R 给水管热熔连接；无机实验室排水管根据情况使用优质耐腐蚀 PVC 管，排水管应有水封装置，防止废水废气倒灌；洗涤或用水量大的房间应设置地漏（图 2-94、图 2-95）。

图 2-94　PVC 给水管材　　　　　　　　图 2-95　PVC 排水管材

不同实验室，根据实验的要求，需要多种水。最主要实验室用水有以下几种：

自来水：自来水是指通过自来水处理厂净化、消毒后生产出来的符合相应标准供人们生活、生产使用的水。

蒸馏水：实验室最常用的一种纯水，蒸馏水能去除自来水内大部分的污染物，但挥发性的杂质无法去除，如二氧化碳、氨、二氧化硅以及一些有机物。新鲜的蒸馏水是无菌的，但储存后细菌易繁殖。

去离子水：应用离子交换树脂去除水中的阴离子和阳离子，但水中仍然存在可溶性的有机物，可以污染离子交换柱从而降低其功效。去离子水存放后也容易引起细菌的繁殖。

反渗水：其生成的原理是水分子在压力的作用下，通过反渗透膜成为纯水，水中的杂质被反渗透膜截留排出。反渗水克服了蒸馏水和去离子水的许多缺点，利用反渗透技术可以有效地去除水中的溶解盐、胶体、细菌、病毒、细菌内毒素和大部分有机物等杂质。

超纯水：其标准是水电阻率为 $18.2M\Omega-cm$。但超纯水在 TOC、细菌、内毒素等指标方面并不相同，要根据实验的要求来确定。

1. 施工准备

施工技术人员认真熟悉图纸，领会设计意图，对图纸中发现的问题及时与业主、监理及设计人员联系，并做图纸会审，做好会审记录。安装人员须熟悉 PP-R 管的一般性能，掌握必须的操作要点。

给、排水管道施工在各项预制加工项目开始前，根据设计施工图编制材料计划，将需要的材料、设备等按规格、型号准备好，运至现场。

2. 给、排水管道施工材料要求

到现场的管材、管件等须认真检查并经监理、业主验明材质，核对质保书、规格、型号等。合格后方能入库，并分别做好标识。

管材和管件的内外壁应光滑平整，无气泡、裂纹、脱皮和明显的痕纹、凹陷，色泽应基本一致。

管材的端面应垂直于管材的轴线。管件应完整、无缺损、无变形。

管件和管材不应长期置于阳光下照射，避免管子在储运时弯曲，堆放应平整。搬运管材和管件时，应小心轻放，避免油污，严禁剧烈撞击、与尖锐触碰和抛、摔、拖。

施工现场与材料存放处温差较大时，应于安装前将管件和管材在现场放置一定时间，使其温度接近施工现场环境温度。

3. 给、排水安装基本工艺流程

安装准备→支吊架制作、预留孔洞、管道预制→支吊架安装→管道、设备及附件安装→孔洞处理→水压试验→通水试验→管道刷漆、保温→系统调试→竣工验收。

1）给、排水管道安装施工孔洞、套管及埋件的预留

进场后及时核实结构施工预留的孔洞，位置不合适处及时与建设单位与监理单位沟通，研究处理办法，处理完毕后在进行下步施工。

2）管道安装的主要内容

主要包括各系统支吊架的制作安装，干、立、支管的管道安装，阀件安装，管道的防腐与保温。

3）给、排水管道的安装施工

给、排水管道安装程序如下：

定位放线→支吊架安装→预制件运输、管道吊装→附件安装、对口连接→管道调整

给、排水管道安装工程各道工序应严格按照施工图纸的技术要求、国家标准图集以及施工工艺规程的有关规定进行施工，具体技术措施如下：

（1）给、排水管道放线

管道放线按由总管到干管再到支管进行放线定位。放线前逐层核对，保证管线布置不发生冲突，同时留出保温及其他操作空间。

管道安装时，以建筑轴线进行定位。定位时，按施工图确定管道的走向及轴线位置，在墙（柱）上弹出管道安装的定位坡度线，坡度线取管底标高作为管道坡度的基准。

立管放线时，自上而下吊线坠，弹出立管安装的垂直中心线，作为立管安装的基准线。

（2）给、排水管道支、吊架制作安装

①支吊架安装程序：

现场核对图纸→确定支吊架的位置、形式→支吊架制作→放线定位、支吊架安装。

②管道支、吊架安装（图2-96）

管道支、吊、托架均需做防腐处理，消防水管支架需进行镀锌防腐。其热镀锌质量应符合设计及规范要求，镀锌层厚度不小于$80\mu m$，表面光滑无脱落现象。

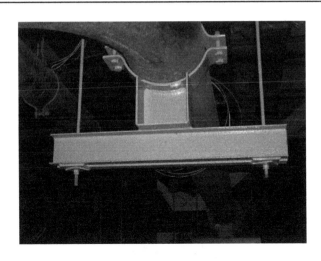

图 2-96　管道支吊架

位置正确，埋设平整牢固，固定在建筑结构上的支吊架不得影响结构安全。

支架与管道接触紧密，绝缘支吊架采用橡胶垫，厚度为 5mm，长度为 40mm。

给水立管管卡安装时，层高小于或等于 5m，每层安装 1 个；层高大于 5m，每层不少于 2 个。管卡安装高度，距地面 1.5 ～ 1.8m，2 个以上管卡可均匀安装。

4．给、排水管道安装注意事项

给、排水管道所用管材、附件应进行全面检查，不得有损坏和裂纹，管材必须符合设计要求，且应有合格证和出厂检验报告。

检查预留孔洞的正确性，且符合设计要求。

管道采用法兰连接时，法兰应垂直于管子中心线，法兰阀门连接用的密封垫为橡胶垫片。连接螺栓的螺杆露出螺母长度一致，且不大于螺杆直径 1/2。

钢管采用螺纹连接时，应保证螺纹无断丝，镀锌钢管和配件的镀锌层无破损，螺纹露出部分防腐良好，接口处无外露油麻等缺陷。

管道切割时锯片应与管道轴线垂直，切面偏差不允许超过 1.5mm。

丝接钢塑管应在管端表面及螺纹处统一涂上防锈剂，如使用密封带时也要先涂上防锈剂后再缠上密封带。管道连接后，应对外露螺纹部分及所有钳痕和表面损伤的地方涂上防锈剂。

给排水管道穿越隧道外墙结构时，必须设置防水套管（图 2-97）。

需二次安装的站内消防管道应进行编号标识，然后再拆下镀锌，镀锌采用热镀锌法。

UPVC 管道在装卸和施工过程确保不受损伤，管道平放地面，地面应先将钉子等尖锐物清扫干净。

UPVC 管采用溶接剂连接，首先用带清洁剂的干布清扫管道接头和配件插座内壁，去除油污和潮气。

UPVC 管在管道接头插入后用手旋转至少 1/4 圈以保证接合紧固无漏隙。

管道安装时，未完工的管道敞口处临时封闭，防止杂物掉入管内。

图 2-97　防水套管

管道安装应遵循"先大管、后小管，先立管、后支管，先地下、后地上"的原则进行。管道外观要求横平竖直。管道穿越楼板、墙的孔洞应按设计要求进行封堵，钢管穿墙及楼板封堵，PVC 管道过墙、楼预留管洞封堵应符合下列要求：

①将 PVC 管壁与洞内表面清理干净，无浮土，干燥，无霜冻。

②选用适合规格的阻火圈，在墙体两侧或楼板下侧用膨胀螺栓固定。

③当管壁现洞壁间隙小于 30mm 时用防火胶填塞密实，当管壁现洞壁间隙大于 30mm 时用防火泥填塞密实。

④管件表面不得有裂纹、垂皮和麻面。

图 2-98　柔性短管

⑤柔性短管的安装应在两端管道安装固定好后才能施工，其两端管道需分别设置支架，不能使柔性短管承担管道重量（图 2-98）。

5. 管道连接注意事项

同种材质的给水聚丙烯管及管配件之间，安装应采用热熔连接，安装应使用专用热熔工具。暗效墙体、地平面内的管道不得采用丝扣或法兰连接。

给水聚丙烯管与金属管件连接，应采用带金属管件的聚丙烯管件作为过渡，该管件与塑料管采用热熔连接，与金属配件或卫生洁具五金配件采用丝扣连接。

热熔连接应按下列步骤进行：

管材切割：管材切割可采用专用管剪切断，管剪刀片卡口应调整到与所切割管径相符，旋转切断时应均匀加力，切断后，断口应用配套整圆器整圆。断管时，断面应同管轴线垂直，无毛刺。

PP-R 管的连接：可采用焊接、热熔和螺纹连接等方式。其中热熔连接最为可靠，操作方便，气密性好，接口强度高。

连接前，应先清除管道及附件上的灰尘及异物。管道连接采用熔接机加热管材和管件，管材和管件的热熔深度应符合要求。

连接时，无旋转地把管端插入加热套内，达到预定深度。同时，无旋转地把管件推到加热头上加热，达到加热时间后，立即把管子与管件从加热套与加热头上同时取下，迅速无旋转地、均匀用力插入到所要求的深度，使接头处形成均匀凸缘。在规定的加热时间内，刚熔接好的接头还可进行校正，但严禁旋转。将加热后的管材和管件垂直对准推进时用力不要过猛，防止弯头弯曲（图 2-99）。

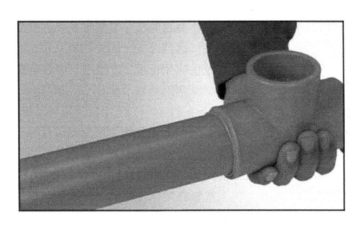

图 2-99　热熔连接

连接完毕，必须紧握管子与管件保持足够的冷却时间，冷却到一定程度后方可松手。当 PP-R 管与金属管件连接时，应采用带金属嵌件的 PP-R 管作为过渡，该管件与 PP-R 管采用热熔承插方式连接。与金属管件或卫生洁具的五金配件连接时，采用螺纹连接，宜以聚丙乙烯生料带作为密封填充物。安装时，不得用力过猛，以免损伤丝扣配件，造成连接处渗漏。

管道安装特别是热水管安装时，应考虑管道的热膨胀因素，管道连接时在空间允许的地方应用管道转弯折角自然补偿管道的伸缩，利用自然补偿时管道支架采用滑动支架，但不设固定支架的直线管道最大长度不得大于 3m。

管道支架应在管道安装前埋设，应根据不同管径和要求设置管卡和吊架，位置应准确，埋设要平整，管卡与管道接触应紧密，不得损伤管道表面。采用金属管卡时，金属管卡与管道之间应采用塑料等软物隔离。在金属管配件与给水 PP-R 管连接部位，管卡应设在金属管一边。在阀门、水表等给水设备处应设固定支架，其重量不应作用于管道上。冷热水管共用支架时，应根据热水管支架间距确定。

在室内部分给水管与空调水管在同一位置。考虑到室内所有管道的布置，此部分管道可于空调管一侧竖向排列，对于固定支架形式同上，可采用两管箍进行安装。

6. 阀门及部件安装

阀门及管件安装前应进行检查，保证其规格、型号符合设计要求，清除杂物，并保护好结合面。

阀门安装前应进行耐压强度试验。试验应以每批（同牌号、同规格、同型号）数量中抽查 10%，且不少于一个。如有漏、裂不合格的应再抽查 20%，仍有不合格的则须逐个试验。对于安装在主干管上起切断作用的闭路阀门，应逐个做强度和严密性试验。强度和严密性试验压力应为阀门出厂的压力，同时应有试验记录备查。

阀门及部件安装应符合设计要求连接紧密，在最终验收前不得有漏水痕迹。阀门安装进出口方向正确，朝向合理，便于操作及维修，安装后的阀门启闭灵活、准确，表面洁净。有传动装置的阀门，指示机构的位置应正确，传动可靠，无卡涩现象。

图 2-100　实验室感应龙头

7. 实验台给水安装要点

水龙头包括三联化验水龙头、单联化验水龙头、化验水龙头、U 型水龙头、T 型水龙头、立式直角水龙头、感应水龙头、远控开关（图 2-100）。

水龙头应用标准，按照用于中心实验台、边台实验台、透风柜、试剂架给水、解剖台、取样台、透风柜给水开关等应用。

接头采用上水管铜制压紧型管接头。铜制压紧型管接头分为：三通管接头、弯头管接头、直通管接头。铜制压紧型管接头与铝塑管匹配使用。

上水管在地面预留时，必须配置耐腐适合实验室用的上水阀门。

上水阀门设计为 G1/2，距地面高度为 100mm。

水龙头材质为铸铜，表面喷塑。

实验台龙头出水口全部为尖嘴，可接插 ϕ12mm 的橡胶软管（图 2-101）。

水龙头的安装：水龙头底部有调节螺母、丝杆、固定螺母。安装时首先把固定螺母拆下，把丝杆插进已定位的上水定位孔，紧固固定螺母，余留丝杆与上水管接头连接。

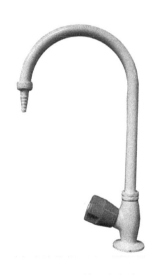

图 2-101　单口水龙头

8. 给水管道试压

冷水管试验压力，应为管道系统工作压力的 1.5 倍。但不得小于 10MPa。

热水管试验压力，应为管道系统工作压力的 2 倍，大于 1.5MPa。

热熔连接管道，水压试验时间应在 24 小时后进行。

水压试验前，管道应固定，接头需明露。

管道注满水后，先排出管道内空气，进行水密性检查。

加压宜用手动泵，升压时间不小于 10 分钟，测定仪器的压力精度应为 0.01MPa。

升至规定试验压力，稳压 1 小时，测试压力降不得超过 0.06MPa。

在工作压力的 1.15 倍状态下，稳压 2 小时，压力降不得超过 0.03MPa。同时检查各连接处不得渗漏。

9. 成品保护

管件和管材不应长期置于阳光下照射。为避免管子在储运时弯曲，堆放应平整，堆置高度不得大于 2m。搬运管材和管件时，应小心轻放，避免油污，严禁剧烈撞击、与尖锐触碰和抛、摔、拖。

　　埋暗管封蔽后，应在墙面明显位置，注明暗设管位置及走向，严禁在管上冲击或钉金属钉等尖锐物。管道安装后不得用作拉攀、吊架等。

　　10. 实验室排水特殊要求

　　UPVC 埋设管道，必须有坡度。暗装管道（包括设备层、竖井、吊顶内的管道）首先应核对各种管道的标高、坐标的排列有无矛盾。预留孔洞、预埋件已完成。土建支模已拆除，操作场地清理干净。安装高度超过 3.5m 应搭脚手架，并做好安全防护。室内明装管道要与结构进度相隔两层的条件下进行安装。室内标准水平线应弹好，粗装修抹灰工程已完成，安装场地无障碍物。

　　具体工艺流程：安装准备工作→预制加工→干管安装→立管安装→支管安装→卡件固定→封口堵洞→闭水试验→通水试验（图 2-102、图 2-103）。

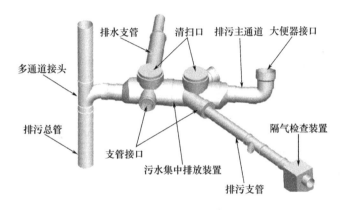

图 2-102　同层排水系统图

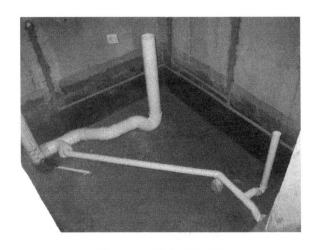

图 2-103　排水成品工程

　　预制加工：根据图纸要求并结合实际情况，按预留口位置测量尺寸，绘制加工草图。根据草图量好管道尺寸，进行断管。断口要平齐，用铣刀或刮刀除掉断口内外飞刺，外棱铣出 15° 角。粘接前应对承插入试验，不得全部插入，一般承插合格后，用棉布将承插口需粘接部位的水分，灰尘擦拭干净。如有油污需用丙酮除掉。用毛刷涂抹粘接剂，先涂抹承口后涂抹插口，随即用力垂直插入，插入粘接时将插口稍作转动，以利粘接剂分布均匀，约30秒至1分钟即可粘接牢固。粘牢后立即将溢出的粘接剂擦拭干净。

干管安装：采用托吊管安装时应按设计坐标、标高、坡向做好托、吊架。施工条件具备时，将预制加工的管段，按编号运至安装部位进行安装。各管段粘接时也必须按粘接工艺依次进行。全部粘连后，管道要直，坡度均匀，各预留口位置准确。干管安装完成后应作闭水试验，出口应用充气橡胶管封闭，达到不渗漏，5分钟内水位不下降为合格。托吊管粘牢后按流水方向找坡度，最后将预留口封严和堵洞。地下埋设管道，根据图纸要求的坐标、标高，预留槽洞或预埋套管，而后开挖沟槽并夯实，回填时应先用细砂回填至管上皮100mm，回填土过筛，夯实时勿碰损管道（图2-104、图2-105）。

图2-104　排水竖干管

图2-105　排水横干管

立管安装：首先按设计要求将洞口预留或后别，洞口尺寸不得过大，更不可损伤受力钢筋。安装前清理场地，根据需要支搭操作平台。将已预制好的立管运到安装部位。首先清理已预埋的伸缩节，将锁母拧下，取出U型橡胶胶圈，清理杂物，复查上层洞口是否合适。立管插入端应先划好插入长度标记，然后涂肥皂液，套上锁母及U型橡胶圈。安装时先将立管上端伸入上一层洞口内，垂直用力插入至标记为止（一般预留胀缩量为20～30mm）。合适后即用自制U型钢制抱卡紧固于伸缩节上沿，然后找正、找直并测量顶板距三通口中心是否符合要求。无误后即可堵洞，并将上层预留伸缩节封严。

支管安装：首先别出吊卡孔洞口或复预埋件是否合适。清理场地，按需要支搭操作平台，将预制好的支管按编号运至现场。清除各运物及粘接部位的水分。将支管水平初步吊起，涂抹粘接剂，用力推入预留管口，根据管段长度调整好坡度。合适后固定，卡架，封闭各预留管口堵洞。

需注意以下两点：

①在需要安装防火套管或阻火圈的楼层，应先将防火套管或阻火圈套在管段外，然后进行管道接口连接。立管设伸缩节时应符合下列规定：层高小于等于4m时排水立管和通

气立管每层设一伸缩节；层高大于 4m 时，其数量应根据管道设计伸缩量和伸缩节允许伸缩量计算确定。

②立管宜每两层设一个检查口，顶层和楼层转弯时应每层设置检查口，安装高度距地面 1m。

11．实验室排水管道安装质量标准

管道的材质、规格、尺寸、粘接剂的技术性能必须符合设计要求。

隐蔽的排水管及雨水管道的灌水试验结果必须符合设计要求和施工规范规定。具体包括：

检查区（段）灌水试验记录，管材出厂证明及粘接剂合格。

管道的坡度必须符合设计要求或施工规范规定。

管道及管道支座（墩）严禁铺设在冻土和未经处理的松土上。

排水塑料管必须按设计要求装伸缩节。如设计无要求，伸缩节间距不大于 4m。

排水系统竣工后的通水试验结果，必须符合设计要求和施工规范规定。

12．成品保护

管道安装完成后，应将所有管口封闭严密，防止杂物进入造成管道堵塞。

安装完的管道应加强保护，尤其立管距地 2m 以下时，应用木板捆绑保护。

严禁利用塑料管道梆为脚手架支点、安全带的拉点或吊顶的吊点。不允许明火烘烤塑料管，以防管道变形。

油漆粉刷前应将管道用纸包裹，以免污染管道。

13．实验室排水系统应注意的质量问题

预制好的管段弯曲或断裂，原因是直管堆放未垫实，或暴晒所致。

接口处外观不清洁、美观，原因是粘接后外溢粘接剂未即时除掉。

粘接口漏水，原因是粘接剂涂刷不均匀或粘接处未清理干净所致。

地漏安装高度过低，影响使用，原因是水平线未找准。

立、支管距墙过远、过近，半明半暗，造成减少使用面积，维修施工不便，主要是管道安装定位不当或墙体位移。

排水管的插口倾斜，造成灰口漏水，原因是预留口、方向不准，灰口环缝不均匀。

地漏安装过高或过低，影响使用，要求根据水平线找准地平，量准尺寸。

立管检查口渗、漏水，检查口堵盖必须加垫，以防渗漏。

卫生洁具的排水管道预留口距地偏高或偏低，原因是标高没找准，或下料尺寸有误。

排水管道的坡度过小或倒坡，影响使用效果，各种管道坡度必须按设计要求找准。

所有管道的支吊架须符合规范要求并按照标准图集中的要求制作与安装。管道支架或管卡应固定在楼板上或承重结构上。

14．排水管道的灌水试验

排水管道在封闭前进行灌水试验。灌水高度应不低于底层卫生器具的上边缘或底层地面高度。满水 15 分钟水面下降后，再灌满观察 5 分钟，液面不降，管道及接口无渗漏为合格（图 2-106）。

安装在室内的雨水管道安装后应做灌水试验，灌水高度必须到每根立管上部的雨水斗。灌水试验持续 1 小时，不渗不漏为合格。

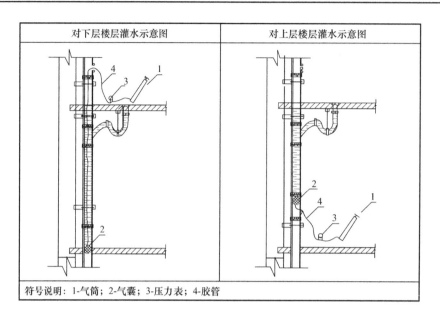

图 2-106　灌水试验

15．通水试验

排水系统按给水系统的 1/3 配水点同时开放,检查各排水点是否畅通,接口处有无渗漏。

16．通球试验

排水主立管及水平干管管道均应做通球试验。

试验用球：外径为试验管径 2/3 的硬质空心塑料小球。

试验方法具体为：

立管：在立管顶端将球投入管道,在底层立管检查口处观察,小球应顺利通过。

水平干管：在水平干管始端将球投入、冲水,将球冲入引出管末端排出,在室外检查井中将球捡出。

应分系统,分支路进行试验。

17．实验台下排水安装

排水部分包括水槽、排水管。

水槽为 PP 材料模具制作,具有较强的耐腐蚀性能。

实验台返污存水斗：材料为 PVC 与化验水槽连接,按选用化验水槽下水口配做,连接处采用标准橡胶圈密封紧固处理。

台下水槽与台面组合采用在台面底部支撑结构。

排水管：排水管、连接件三通、弯头、直管、变径等全部采用 PVC 材料,并配用专用 PVC 胶水连接固定。

排水管道在使用于多孔下水时,要设计下水的斜度,并配托架支撑（图 2-107）。

排水管预留高度标准为 80 ~ 100mm,其预留位置按实验室平面布局图。

18．水槽的安装

采用台下盆式安装法安装时实验台面配合水槽尺寸长宽各缩小 30mm 开孔,台面开口上缘需采圆弧 R 角倒圆处理。

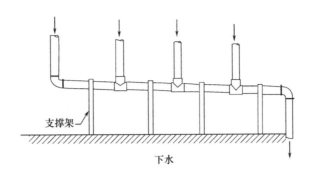

图 2-107　实验台下排水管安装

水槽安装时应以钢制悬吊托架（采用悬挂式托架，不得将托架直接置于柜体底板处向上支撑，以免占据其下之置物空间）由底部向上承托支撑至与台面底部接合，其钢制托架强度需能支持水槽满水位之重量而不下垂变形。水槽上缘与台面底部齐平，其与台面接缝处采用道康宁中性防霉硅胶填充，以达到一体及防漏的效果。

所有水槽应配置有防虹吸瓶式回收器（图 2-108）。

图 2-108　防虹吸瓶

六、气体管道安装施工

实验室用气主要由不燃气体（氮气、二氧化碳）、惰性气体（氩气、氦气等）、易燃易爆气体（氢气）、剧毒气体（氟气、氯气）、助燃气体（氧气）组成。易燃易爆气体、剧毒气体属于危险化学品，其存放和使用需符合。气体可以通过输气管接到各实验室内（图 2-109）。氢气管线上的连接管件都要连接后焊接，严禁有泄漏的可能。所有的管线在安装完毕后一定要做气密性实验，并在使用前要先除油。由于管道细小，管间距小，安装过程中可依据现场情况进行调整，保证间距不小于 45mm。气瓶装瓶时，易燃易爆与惰性气体同柜，杜绝两种易燃气体瓶装同一柜。

图 2-109 实验室气体管线

1. 气体管道安装工艺流程

测量放线→管道预制、连接、管件安装→管道系统试压→管道吹洗→管道接口防腐。

2. 工艺管道施工技术条件

（1）管件组成件及管道支吊架的检验

管道组成件及支吊架必须有制造厂的质量证明书，符合国家现行标准的规定，其材质、规格、型号应符合设计文件的规定及国家现行标准规定，不合格者不得使用。

阀门的壳体试验压力不得小于公称压力的 1.5 倍，试验时间不得小于 5 分钟，以壳体填料无渗漏为合格；密封试验宜以公称压力进行，以阀瓣密封面不漏为合格。阀门的壳体压力试验宜在系统试验时按管道的试验压力进行试验，闸板密封试验可采用色印方法检验，结合面上的色印应连续。

试验合格的阀门，应及时排尽内部积水，并吹干。除需要脱脂的阀门外，密封面上应涂防锈油，封闭阀门。

安全阀应按设计文件规定的开启压力进行试调。调压时压力应稳定，每个安全阀启闭试验不得少于 3 次，调试后按规定填写记录。

管道组成件及管道支吊架在施工过程中应妥善保管，不得损坏，暂时不用的管子，应封闭管口。

（2）管道加工

管子切割应移植原有标记。

镀锌钢管宜用钢锯或机械方法切割。管子切口表面应平整，无裂纹、重皮、毛刺、凹凸、缩口、熔渣、氧化铁、铁屑等杂物。切口端面倾斜偏差不得大于管子外径的 1%，且不得超过 3mm。

（3）管道焊接

阀门和管道连接处及便于检修处应采用法兰或螺纹连接，压缩空气管道宜采用焊接连接。

管道焊接连接宜采用电弧焊，但 DN 小于等于 80mm，壁厚小于等于 4.0mm 时，则允许采用气焊。

直管段上两对接焊口中心面间的距离，当公称直径大于或等于 150mm 时，不应小于

150mm，当公称直径小于 150mm 时，大于管子外径。

焊缝距离弯管起弯点不得小于 100mm，且不得小于管子外径。环焊缝距支吊架净距不应小于 50mm。不应在管道焊缝及其边缘上开孔。

管子、管件的坡口形式及尺寸应符合设计文件规定。管子坡口加工宜采用机械方法，也可采用热加工方法。当采用热加工方法加工坡口后，应除去坡口表面的氧化皮、熔渣及影响接头质量的表面层，并应将凹凸不平处打磨平整，并及时焊接。管道对接焊口的组对应做到内壁齐平，内壁错边量不宜超过壁厚的 10%，超过后应进行修整。

管道焊接过程中，应将焊件垫置牢固。除以上规定外还应符合《现场设备、工业管道焊接工程施工及验收规范》的规定。

（4）管道安装

①管道安装作业条件

有关工程已检验合格，满足安装要求。

与管道连接的设备已找正合格，固定完毕。

管子组成件与管道支吊架已检验合格。管子、管件、阀门等内部清理干净，无杂物。

在管道安装前必须完成脱脂等，有关工序已进行完毕。脱脂后的管道组件，安装前必须进行严格检查，不得有油迹污染。

②管道安装要求

管道的预制安装，应按工艺设计文件中的管道管系图施工。

管道坡向、坡度应符合设计文件要求，符合油水分离器的使用要求。

为达到要求的坡度，可在支座底板下加装金属垫板调整，但垫板不得加在管道和支座中间。

法兰、焊缝及其他连接件的设置应便于检修，不得紧贴墙壁、楼板、管架。

管道上仪表取源部件的开孔和焊接应在管道安装前进行（图 2-110）。

穿墙及过楼板的管道，应加装套管，但管道焊接置于套管内。穿墙套管长度不应小于墙厚，穿楼板套管应高出楼地面 50mm。穿过屋面的管道一般应有防水肩和防水帽。

与传动设备连接的管道安装前必须将内部处理干净，管道安装不应给传到设备以附加应力。

法兰连接应同轴，并应保证螺栓完全穿入，法兰螺栓孔应跨中安装。法兰间应保持平行，其偏差不大于法兰外径的 1.5%，且不得大于 2mm。不得用强紧螺栓的方法消除歪斜。

管子对口时应在距接口中心 200mm 处测量平角度。当管子公称直径小于 100mm 时允许偏差为 1mm，当管子公称直径大于或等于 100mm 时允许偏差为 2mm。但全长允许偏差为 10mm。

管道连接时，不得用强力对口、加偏垫或多层垫等方法来消除接口端面的空隙、偏斜、错口或不同心等缺陷。

③阀门安装

阀门安装前，应检查器填料，其压盖螺栓应留有调节裕量，按介质流向确定其安装方向，在关闭状态下安装。

④支吊架安装

管道安装时应及时固定和调整支吊架，支、吊架位置应准确，安装应平整牢固，与管

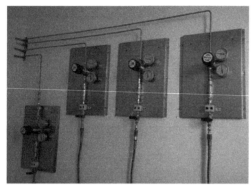

图 2-110　实验室气体控制

子接触应紧密。

导向支架或滑动支架的滑动面应洁净平整，不得有歪斜和卡涩等现象。

3. 管道系统试压或渗漏性试验

管道安装完毕，无损检验合格后，应进行压力试验。试验压力为设计压力的 1.5 倍，且不低于 0.4MPa。

压力试验合格后，应填写相应检查记录。

实验前试验段的管道焊缝位置不得涂漆、绝热。膨胀节处已设置临时约束装置。经校核的压力表不少于 2 块。水必须洁净。

试验压力应缓慢上升，待达到试验压力后，稳压 10 分钟，再将试验压力降至设计压力，停压 30 分钟，以压力不降、无渗漏为合格。试验合格后及时拆除盲板，排尽积液。

渗漏性试压应在压力试验合格后进行，介质宜为空气。试验压力为设计压力。重点检查阀门填料函、法兰连接处、放空阀、排气阀、排水阀等，以发泡剂（如肥皂水）检验不泄漏为合格。

4. 管道吹扫、清洗

管道在压力试验合格后，或泄漏性试验前，应分段进行吹洗。

吹洗的顺序应按主管、支管、疏排管依次进行。吹洗出的赃物，不得进入已合格的管道。

吹洗时，应用锤子敲打管子，对焊缝、死角和管底等部位应重点敲打，但不得损伤管子。

吹洗合格后，应填相关记录。

5. 管道涂漆

管道及绝热保护层和涂漆应符合设计及《工业设备，管道防腐工程施工及验收规范》的规定。

涂料有质量证明书。镀锌钢管、镀锌铁皮保护层不宜涂漆。焊缝及其标记在压力试验前不应涂漆。管道安装后不易涂漆的部位应预先涂漆。涂漆前应清除被涂表面的铁锈、焊渣、毛刺、油、水等污物。

气体管道与相应的色标见表 2-9

气体管道与相应的色标　　　　　　　　　　　　　　表 2-9

序号	管道名称	管道名称		色环的规定
		底色	色环	
1	饱和蒸汽管	绿	/	①色环的宽度（以管子外径、保温管则以保温层外径为准）外径 < 150mm 者，为 30mm；外径 150～300mm 者，为 50mm；外径 > 300mm 者，为 70mm。②色环与色环之间的距离：一般直管段以上 5m 左右为宜，但一段管子不满 5m 者，以及管道弯头处，穿墙处必须加色环。③在酸液管道上，还应涂黄色与黑色相间隔协调，表示危险警告
2	排气管	绿	绿	
3	凝结水管	绿	绿	
4	热水管	绿	黄	
5	疏水管	绿	黑	
6	冷却水管	绿	白	
7	排水管	绿	蓝	
8	压缩空气管	浅蓝	/	
9	轻柴油管	棕	黄	
10	柴油机油管	棕	/	
11	废机油管	棕	黑	
12	再生机油管	棕	绿	
13	变压器油管	橙黄	/	
14	真空管	蓝	白	
15	酸碱液管	紫	/	

涂色应均匀、一致，涂层完整、无损坏。涂刷色环时，应间距均匀，宽度一致。

6. 管道防腐

埋地管道试压防腐后，应办理隐蔽工程验收。

管道连接的补口的防腐可采用环氧沥青涂料进行补口防腐。

7. 质量标准

管线不影响其他建筑物，管线的正常使用及安全。

管道连接符合设计及施工规范要求。

标高及坡度符合设计要求。

管道的压力符合要求，涂料符合设计规范。

8. 安全标准

进入施工现场必须戴好安全帽，必须遵守安全生产六大纪律。

配电线必须选择合理导线截面，不得用裸体线。现场铺设线路必须用绝缘支撑物，并应有单独的控制开关，选择适当保险丝，确保用电安全。

土方开挖时应先人工开挖探沟，确定无地下管线时再机械开挖。

挖土中发现管道、电缆及其他埋设物应及时报告，不得擅自处理。

采用机械挖土时，应有专人防护，机械作业半径内禁止站人，确保安全。

夜间施工时，要有足够的照明措施。

第五节　实验室家具及设施设备安装工程

一、实验室家具的分类及特点

实验室是实验人员的工作场所，首要是安全，其次要实用，再次才是美观。实验室家具及实验室通风设备是实验室的重要装备，不仅应具备优良的使用功能，符合行业标准，还应具备优美的外观与和谐的色彩，环保节能，以改善室内环境，体现时代特征。

实验室家具不同于办公家具，它的使用常与水、电、气、化学物质以及仪器设备相接触，因此对家具的结构和材质提出更高的要求。在实验室建设时，必须针对实验室的工作内容、环境条件和具体要求进行家具设计和选型。

1. 实验室家具分类

（1）按功能分类

按功能可分实验台与实验柜。

实验台包括理化实验台、仪器台、天平台、洗涤台、解剖台、取料台、高温台等。

实验柜包括安全储存柜、药品柜、毒品柜、器皿柜、防火柜、文件柜、更衣柜、标本柜、样品柜、气瓶柜等。

（2）按材质分类

实验室家具根据用料不同可分为木质结构、钢木结构与全钢结构。

木制家具用材主要为人造板，色彩丰富，个性化强，适合追求个性的用户。但其耐潮湿能力及承重力稍弱，不适用于潮湿的实验室及高承重要求的环境。

钢木结构家具由金属框架与木制柜体组成，实验台可配活动下柜体或固定柜体，性价比高，但款式单一，适合追求经济效益的用户。

钢制家具采用冷轧钢板经磷化酸洗后表面烤环氧树脂而制成，承重性能好，结实耐用，综合性能最强，适合预算充足且要求高的用户。

（3）按结构分类

实验台根据结构形式不同可分为固定实验台、悬挂实验台、分体实验台与移动实验台。

固定实验台：固定实验台是一种传统的布置，落地柜支撑台面，灵活性不足。

悬挂实验台：悬挂实验台的柜体挂在落地的金属框架上，防潮性能好，灵活性稍强，柜体可以重新布置而不影响工作台系统的其他部分。

分体实验台：分体工作台的水电气服务系统与实验台属于分体的两部分，它们即可分开又可有机地组合。实验台可以轻易移动，可以重新布置而不需重新装水电气系统，灵活性最强，适合分布采购或为未来预留发展空间的用户，是未来发展的主流产品之一，这种实验台价格较贵。

移动实验台：移动实验台装有轮子，为用户提供了一些灵活性来创造和改变他们自己的实验室空间。移动工作台的物件可以轻松地从一个地方移动到另一个地方。许多桌子、推车和工作台物件都可以垂直调节高度以更加符合人体工效学。

移动实验台初始造价比固定实验台要高，若根据实验需要，将固定工作台与移动工作台结合起来，可降低成本，保持灵活性。

2．实验柜分类

（1）安全储存柜

根据储存物品的不同，可分为毒品柜、防爆柜、酸柜、挥发性试剂柜等。根据不同用途也有不同的尺寸，分为独立存放的柜体和放在排毒柜下面的柜体。

毒品柜用于储存剧毒品，需要配双锁，能调节温湿度。防爆柜用于储存易燃易爆的物品，配自动闭门器、防暴门。有30、60、90等多种级别，分别表示即使实验室火宅发生，柜内的物品在30分钟、60分钟、90分钟内都不会爆炸，以赢得灭火或撤退时间，保护人员安全与降低实验室受到损害的风险。

酸柜用于储存酸性试剂，一般采用高分子材料制作，最常见的材料为聚丙烯。

挥发性试剂柜用于储存挥发性试剂，一般在试剂柜上部配备过滤器与小型风机，可定时抽掉挥发性气体并经过滤器过滤后排出柜外，避免挥发性气体长期积聚在柜内腐蚀柜体或造成其他危险。根据储存物品的不同，可选用不同的过滤器。

图 2-111　药品安全储存柜

（2）药品柜

药品柜是化学实验室必不可少的贮藏柜。主要放置化学试剂，化学试剂需按固体、液体、有机、无机、酸、碱、盐等分类放置，便于查找和安全。药品柜可设置玻璃门，柜体也应具备有一定的承重能力和防腐蚀性。药品柜分为抽屉式、阶梯层板式或可升降层板式（图 2-111）。

（3）样品柜

放置各类实验样品用的样品柜，可有分格且可贴标签的隔板，便于存放样品和查找样品。有的样品需放入干燥器保存。分格可大可小，以便于存放不同的样品（图2-112）。

（4）器皿柜

器皿柜用于存放洗净后的玻璃器皿，层板分为不锈钢层板或抗倍特层板。不锈钢层板档次较高，价格贵，层板用导轨与

图 2-112　样品柜

图 2-113 器皿柜

柜体固定，可以随意拉出，方便玻璃器皿存取，层板上开孔，可根据器皿尺寸大小调节位置。器皿柜通风良好，易于清洁干燥（图 2-113）。

（5）气瓶柜

气瓶柜用于放置气瓶。由于气瓶属于高压容器，存在一定的危险性，为了安全起见，气瓶柜一般采用钢制产品，配备报警器。根据有效气体不同分为可燃性报警器与非可燃性报警器，最好具备防爆功能，并在柜子上方设泄爆口。气瓶柜一般分为单瓶和双瓶两种规格。

二、实验室家具安装

实验室家具的结构基本分为三种：全钢结构、钢木结构、全木结构。下面就以上三种结构的试验台，做出如下的安装步骤和安装要求。

1. 全钢实验台的安装步骤（图 2-114）

观察钢架的正，侧面，所有的钢架横梁方管的接缝焊接不可放在可视面，在钢架上标出柜体的高度或做一个与柜高度相同的靠栅。

按照实验台的总长度，选择相合适的横梁，用自钻螺丝把横梁固定到钢架上。钢架不可直接放在粗糙地面上，应略做铺垫，要使横梁与钢架接处水平，其位置影响到台面水平、抽面与横梁间缝隙的粗细。打螺丝时要注意横梁间的平行。

用水平尺检查钢架的横、纵线是否水平，通过调节调整脚来达到要求。

在确保水平的前提下，方可挂吊柜体。可采用卧式和立式钢架吊柜体两种方法，其做法基本相似：把钢架上的支撑托梁拧到与柜体下悬的高度，然后放进柜体。每个柜之间用 4×30 的螺丝连接，推倒柜体两端和钢架两端平齐，用扳手拧紧支撑托梁的螺帽，使其充分承受力；安装侧封板，用小直角和螺丝固定，不提倡用胶粘。

图 2-114 全钢实验台

将装好滑轨的抽屉填进柜体，在抽屉上 4mm 用麻花钻头顶打四只孔，根据抽屉的宽度摆布距离；装抽屉面板，从背面的预留孔打 4×30mm 螺丝，找准位置；装门板。

柜体抽面、门板的安装要求：

①所有的门隙均匀，确保缝隙不大于 2mm，横向与竖向线的交叉不错位。

②门板与抽面垂直面，可用长直条检验。

③抽屉抽拉是否顺滑，有无异响。如果抽拉不顺，可能有两种原因：一是柜体侧板上滑轨定位不准，二是螺丝不正。

④门板与抽面开关时不与四面发生碰撞，铰链螺丝须拧紧，避免门板脱落。

黏结台面的步骤：钢木结构通常先装抽面，后安装台面。若台面上有试剂架安装，需待胶固化后再行安装操作。

2. 全木实验台的安装

将每个房间所需的柜体分放到位。将柜体翻放向下，在底板上画线调整脚的位置，用螺丝拧上调整脚，并旋到一定的高度。

按照安装图纸，将每套中央台或边台所需柜体先排放出轮廓再进行连结。用 4mm 钻头在侧板连结上打孔，一般打四个孔，把两个柜体表面并齐后用螺丝连结，再装上侧封板，使整套实验台成形、定位。

用水平尺测量一下柜体是否水平，如有误差，就调动柜底调整脚，调试至水平为止。调时可用长直条在柜顶平挂，看柜体是否处于同一水平面。检查调整脚是否有斜、空或者移动时掉落现象，以防影响柜体承重性。

门板和抽屉面可分为潜入式和外盖式两种装法。门板装上以后，要进行调整，门缝控制在 2mm 之间。如果门板、抽面尺寸有轻微误差，则要使线条均匀。嵌入式门板是门板平面较侧板面凹进 2mm，四周缝隙和十字缝隙在 1.5 ~ 2mm 之间。保持横线和竖线一致，无明显大小差距。十字交叉角不能错位，门板、抽面开关时不与四面发生碰撞。检查铰链螺丝是否松动，以防开启时脱落。

选择合适长度的踢脚板，排列到每套实验台，角与角间用小直角连接完推进柜底，再用 4×30 的圆头螺丝，从底板上向下固定。一般踢脚线缩进柜体 20mm，使踢脚线与底板紧贴。螺丝的螺帽与底板打开，不要凸出或过分凹进。踢脚板装完不应贴地，以防受潮变形和膨胀。

台面安装方法是先用硅胶，后在打螺丝，其他程序和要求与全钢、钢木一样，重点就是拼缝平整，无高低。首先试安装，根据现场的情况，如有墙角柱或水管之类的，就要按照尺寸进行切割；然后清理灰尘，布上胶布，放上台面后若台面不平，用硬线垫高低处，拱起处用重物压实，前几步柜体已调平整，故垫高和重压，只是对台面的厚薄和拱起做微调；待硅胶固化后，做拼缝处理，步骤与上述一样；台面与墙角处，台面下与柜体处打上白硅胶。

3. 钢木实验台的安装步骤（图 2-115）

检查柜体底部调整脚的高度，把所有调整脚旋转到距地面 5mm 的距离，以便地面不平时调整。

按照图纸把各种类型的柜体摆放到位，观察顶板是否有高低。如不平整，就调整柜底脚，用水平尺参照测量，使横向、纵向水平。柜体边沿齐置后用螺丝或带帽螺栓连结。连

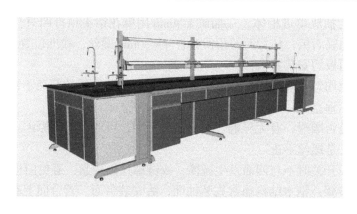

图 2-115　钢木实验台

结时注意表面的平整，有无凹凸，每个调整脚都须着地，能承受重力。

固定侧封板后便可进入台面的安装，如果台面上有水槽和试剂架立柱孔，在粘台面之前开好。

4. 台面的安装

（1）胶粘法

对一些小面积的镶贴部位或木结构相结合的部位，常采用树脂粘接法，施工步骤如下：

基层处理：基层的平整性对用粘接法施工来说尤为重要。其允许尺寸偏差为表面平整偏差 ±2mm，阴阳角垂直偏差 ±2mm，立面垂直偏差 ±2mm，基层应平整但不应压光。

根据安装设计要求，进行弹线作业。

根据设计要求，逐块检查材规格、编号等。在可能的情况下，先安装较厚的板材，并按施工顺序码放好产品备用。多块安装时，应注意制品厚度不一可能给安装造成的影响。

板材粘结剂用量应针对使用部位的受力情况，以粘牢为原则。先将胶液分别刷抹在墙柱面和板块背面上，尤其是一些悬空板材胶量必须饱满。将带粘结剂的板材就位时要准确，就位后马上挤紧、找平、找正，并进行顶卡固定，对于挤出缝外的粘结剂应随时清除。对板块安装位置上的不平、不直现象，可用扁而薄的木楔来调整，小木楔上应涂上胶液后再插入板缝。

板块粘贴的用胶，通常采用环氧树脂。在一些小规格的板块粘贴也可采用进口的立时得万能胶，环氧树脂的配比与上述修补的配比相同。

要等粘结剂固化 2 天后再拆除顶、卡的固定支架。拆除支架后应检查板材接缝处的胶结情况，不足的进行勾缝处理，多余的清除干净。

（2）螺丝固定法

在连结完的柜体粘结面上均匀打上硅胶，四周硅胶离柜体边缘 10 ~ 15mm，以防压上面后胶水溢出。

打胶后把台面平放到柜体上。平放时尽可能一次放到位，不要有人为的错位，以防挪动时胶水溢出落在柜体上，不易清洁，影响黏结效果。

台面的线条过渡和台面应平整。若台面不平时可采用垫平和重压两种处理方式，即低处用硬质材料垫高，高处用重物下压，具体根据情况而定。还有一种用螺丝做调整的方法，在钢柜的折边上打眼孔，然后用螺丝拧入的长度来调整台面的高度。若用4mm的螺丝，则打孔径为3.2mm即可。

胶干后，取掉前方台面的压物，接着做台面拼缝的处理（图2–116）。如果台面边角做成圆角，则台面与台面间不要留缝；如果台面边角做成直角，则留出不大于3mm的缝隙，用来填胶。具体步骤如下：

图2–116 实验台桌面接缝

①先在两块台面接缝处贴上美纹纸。

②打上与台面颜色相同的硅胶或环氧树脂胶，若台面留3mm缝，胶必须填满，以防接缝前裂和胶水剥落。

③20分钟后用金属片或刮刀刮平台面粘胶，迅速撕去美纹纸，清洁表面。

④台面与柜体的粘接处，打一圈白色硅胶。操作时注意保护台面，避免出现划痕、缺角等现象。

（3）边台挡板的安装步骤

选料抗倍特板材，去毛边。

尺寸根据现场客户要求尺寸进行安装。

安装后均匀地涂抹白色或黑色玻璃胶，需特别注意缝隙间空。

（4）试剂架及试剂架电源安装步骤

在试剂架拉板上开出插座孔，然后再拼装。如试剂架过长，先做好台面的保护，可在台面上进行安装。

试剂架的台面为两种，一种为贴面木制，另一种为理化板类。木制台面用4×30螺丝从下向上固定，实心理化板也可以用硅胶粘。台面固定后在下方用透明硅胶做密封，以防不严密和透明。

试剂架立柱与台面处也要做密封处理，以防受潮，如擦洗台面时水渗透和实验工作中的液体侵入。

试剂架插座板如是U型有盖板，可免装线盒，如是倒U型，则每个插座背要加装PVC线盒。电线必须穿直径为20的PVC硬管，试剂架与供电电源的连接线穿铝塑软管。电线接头一定要紧，以防产生火花。接头处理是先用压线帽夹紧，后用塑料绝缘胶布缠覆。

三、实验室通风系统

1. 实验室通风和通风柜的概念

所谓通风，就是把室内的污浊空气直接或经净化后排至室外，再把新鲜空气补充进来，从而保持室内的空气条件，以达到卫生标准和满足生产工艺的要求。前者称为排风，后者称为送风。而通风柜可以简单理解成一个箱体和一个风机，产生于箱体中的气体被风机排出并被安全地排放到大气中。

2. 通风柜的功能

释放功能：将通风柜内部产生的有害气体用吸收柜外气体的方式，使其稀释后排至室外。

不倒流功能：应具有在通风柜内部由排风机产生的气流将有害气体从通风柜内部不反向流进室内的功能。为确保这一功能的实现，一台通风柜与一台通风机用单一管道连接是最好的方法。不能用单一管道连接的，也只限于同层同一房间的可并联，通风机尽可能安装在管道的末端。

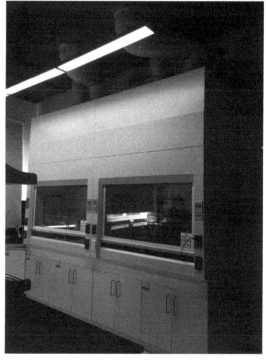

图 2-117　实验室通风柜

隔离功能：在通风柜前面应用不滑动的玻璃视窗将通风柜内外进行分隔。

补充功能：应具有在排出有害气体时，从通风柜外吸入空气的通道或替代装置。

控制风速功能：为防止通风柜内有害气体逸出，需要有一定的排气速度。决定通风柜进风排气速度的要素包括实验内容易产生的热量及与换气次数的关系，其中主要因素是实验内有害物的性质。通常规定，一般无毒的污染物的排气速度为 0.25 ~ 0.38m/s，有毒或有危险的有害物为 0.4 ~ 0.5 m/s，剧毒或有少量放射性为 0.5~0.6m/s，气状物为 0.5m/s，粒状物为 1m/s。为了确保这样的风速，排风机应有必要的静压，即空气通过通风管道时的摩擦阻力。确定风速时还必须注意噪音问题，通过空气在管道内流动时以 7~10m 为限，超过 10m 将产生噪音。通常实验室的噪声（室内背景噪声级）限制值为 70dB(A)，增加管道截面积会降低风速，也会降低噪音。考虑到管道的经费和施工问题，必须慎重选择管道及排风机的功率。

耐热及耐酸碱腐蚀功能：一些通风柜内需要安置电炉。有的实验产生大量酸碱等有毒有害气体，具有极强的腐蚀性，通风柜的台面、衬板、侧板及选用的水嘴、气嘴等都应具有防腐功能。

3. 通风系统分类

按照动力不同，通风系统可以分为自然通风和机械通风，机械通风又可以分为全面通风和局部通风。全面通风是指在房间内整体地进行通风换气的一种方式。局部通风是指通风的范围控制在有害物质形成比较集中的地方，或是工作人员经常活动的局部地区的通风方式，例如通风柜、万向排烟罩、原子吸收罩等。

4. 实验室通风系统的基本组成

通风末端设备：主要包括通风柜、万向排烟罩、原子吸收罩、吹吸式排风罩等。

通风管路系统：主要有风机、风管、风阀、消声器、废气处理塔等。

5. 通风柜的主要结构

柜体：通风柜的柜体可根据使用要求选择钢制、木制、塑料、不锈钢等材料。

台面及衬板：可选用耐腐蚀、耐酸碱、耐高温的各种材质，进行高温或强酸碱操作的内层板要用不锈钢除渣、除油，静电喷涂环氧树脂粉末。

活动拉门：装在柜体表面上的透明玻璃可使用户远离有害的化学物质和气体，同时使有害气体通向通风柜的内部管道。

导流板：控制气流流经通风柜时的形状，减少空气流入通风柜时产生的由于方式不定造成的回流或涡流，提高使用效率，也会对噪声及静压产生影响。

集流环：位于通风柜的顶部，将通风柜的气体导向风排放，其对通风柜的效率和噪声有着重要的影响。

调风阀：通风柜的附属部件，用以调节通风柜的排气量以及最佳表面风速。

其他包括水龙头、考克阀、水杯等配件。

6. 通风管路

圆形风管通风效率高，但直径不宜太大。由于北方冬季室内外温差较大，室外管道可选用玻璃钢产品。对于一般的实验室，若室内排放的气体没有腐蚀性，风管

图 2-118　通风橱

可以采用镀锌铁皮。

若实验室排放的废气有一定的腐蚀性，风管应采用耐腐蚀材料的 PVC、玻璃钢风管；如果通风系统废气含强酸（如盐酸、硝酸等），通风管道应该选用 PP 材质；对于没有或只有轻微腐蚀的实验室，或客户要求，也可选用不锈钢风管。

7. 补风

室内放置多台通风柜或房间内环境需要时对室内进行补风。补风量一般为排风量的70%（门窗可补 30% 左右）。补风系统应尽量远离通风柜，以免影响实验室内空调、采暖系统，而且补风还需进行预处理，方可送入实验室。补风的方式有多种，具体包括：通过室内空调补风；在天花上放置一段风管与室外相连，达到自然补风；使用补风型通风柜；在通风系统外安装补风系统。

如果做补风系统，应根据房间的密闭情况确定补风量，最大补风量为出风量的 70%，最小为 20%。主管道的风速可设为 8m/s。

8. 有害气体输出系统

实验室内往往存在许多不利于人体健康的化学物质污染源，特别是有害气体，将其排除非常重要。但同时能源往往会被大量的消耗，因而实验室通风控制系统的要求渐高，从早期 CV（定风量）、2-State（双稳态式）、VAV（变风量）系统，到最新的适应性控制系统——既安全，又符合节约能源的需要。总之，实验室的最新观念就是将整个实验室当作一台排烟柜，如何有效地控制各种进排气，达到既安全又经济的效果是至关重要的。

实验室常用排风设备主要有：通风柜、原子吸收罩、万向排气罩、吸顶式排气罩、台上式排气罩等。其中通风柜最为常见。通风柜是安全处理有害、有毒气体或蒸汽的通风设备，作用是用来捕捉、密封和转移污染物以及有害化学气体，防止其扩散到实验室内。通风柜内的气流是通过排风机将实验室内的空气吸进通风柜，将通风柜内污染的气体稀释并通过排风系统排到户外后，可以达到低浓度扩散（图2-117、图 2-118）。万向抽气罩是进行局部通风的首选，安装简单，定位灵活，通风性能良好，能有效保护实验室工作人员的人身安全（图2-119）。原子吸收罩主要适用于各类大型精密仪器，要求定位安装，有设定的通风性能参数，也是整体实验室规划中必须考虑的因素之一。排气罩主要适用于化学实验室，在解决这类实验室的整体通风要求中，它是必不可少的装备之一。

图 2-119　万向抽气罩

9. 尾气处理

有机尾气处理可以采用活性炭吸附。无机尾气处理采用水喷淋，用酸雾或碱雾来中和无机废气（图 2-120）。

图 2-120　实验室废气处理设备

四、实验室超净工作台

超净工作台是为了保护实验材料而设计的，通过风机将空气吸入预过滤器，经由静压箱进入高效过滤器过滤，将过滤后的空气以垂直或水平气流的状态送出，使操作区域达到相应等级的洁净度，保证满足实验对环境洁净度的要求。其只能保护样品，不保护操作人员。

超净工作台的优点是操作方便自如，比较舒适，工作效率高，预备时间短，开机 10 分钟以上即可操作，基本上可随时使用。

超净工作台是为实验室工作提供无菌操作环境的设施，以保护实验免受外部环境的影响，同时为外部环境提供某些程度的保护以防污染并保护操作者。与简陋的无菌罩相比，超净台具有允许操作者自由活动，容易达到操作区的任何地方以及安全性较高等优点。目前我国使用的超净工作台有进口产品，是一种趋向具有低等和中等危险性的生物学试验推荐的产品。国内产品的原理与进口产品相似，常见的有双开门侧向通风式、双开门垂直通风型、双人单开门垂直通风型等（图 2-121、图 2-122）。

1. 原理

超净工作台的洁净环境是在特定的空间内，洁净空气按设定的方向流动而形成的。以气流方向来分，现有的超净工作台可分为垂直式、由内向外式以及侧向式。从操作质量和对环境的影响来考虑，以垂直式较优越。由供气滤板提供的洁净空气以一个特定的速度下

图 2-121 侧向通风式超净工作台

图 2-122 垂直通风式超净工作台

降通过操作区，大约在操作区的中间分开，由前端空气吸入孔和后吸气窗吸走，在操作区下部前后部与吸入的空气混合在一起，并由鼓风机泵入后正压区。在机器的上部，30% 的气体通过排气滤板从顶部排出，大约 70% 的气体通过供氧滤板重新进入操作区。为补充排气口排出的空气，同体积的空气通过操作口从房间空气中得到补充，这些空气绝对不会进入操作区，只是形成一个空气屏障。

国产的超净工作台许多只有供气滤板，过滤空气进入操作区形成一定的正压，空气从设置的排气孔和操作口排出进入环境空气中。这种空气流动方式对周围环境和操作者都没有保护作用。

2. 调试

所有的超净工作台出厂前都经过严格的测试，以保证正常的使用。但这并不是说，厂家的测试就能代替操作者使用前做必要的检验和调试。因为超净工作台所处的环境各异，只有经过适当的检验和调试，才能最大限度地发挥设备的作用。

在调试前应为机器选定一个较好的环境。将其置于一间有空气消毒设施的无菌室，调整各脚的高度，以保证稳妥和操作面的水平。超净工作台的供电应采用一条专门电路，以避免电路过载成空气流速的改变。

紫外线杀菌灯和照明用日光灯是超净工作台的标准配置，鼓风机提供空气流动的动力，这些部件是否正常工作是一目了然的。最困难也是最重要的是检查空气滤板及其密封性，它直接关系到机器的正常使用。最简单的检查方法是营养琼脂平板法。

新购买的和久置未用的超净工作台除用紫外灯等照射外，最好能进行熏蒸处理。

3. 使用

超净工作台使用前应用紫外灯照射，并检查操作区周围各种可开启的门窗处于工作时位置。操作者最好在操作区的中心位置进行，在设计上，这是一个较安全的区域。

在进行操作前应对实验材料有初步的认识，同时了解自己所使用设备的性能及安全等级。严格执行实验室安全规程，特定病源在任何超净工作台中的使用必须进行安全性评估。如果实验材料会对周围环境造成环境污染，就应避免在无排气滤板的超净台使用，因为在流动空气中操作与散毒无异。

任何先进的设备都不能保证实验的成功，动物检疫实验室超净工作台的使用是以无菌和避免交叉污染为目的，因此熟练的操作和明确的无菌要领是必不可少的。

4．维护

超净工作台是一台较精密的电气设备，对其进行经常性的保养和维护是非常重要的。

首先要保持室内的干燥和清洁。潮湿的空气既会使制造材料锈蚀，还会影响电气电路的正常工作，潮湿空气还利于细菌、霉菌的生长。清洁的环境还可延长滤板的使用寿命。

另外，对设备的定期清洁是正常使用的重要环节。清洁应包括使用前后的例行清洁和定期的熏蒸处理。熏蒸时，应将所有缝隙完全密封。如操作口设有可移动挡板封盖的类型超净工作台，可用塑料薄膜密封。

超净工作台的高效过滤器和紫外杀菌灯都有标定的使用年限，应按期更换。

五、实验室家具及设施设备安装施工过程中的注意事项

安装完成后检查实验桌外部所有的开孔，其上均应用适当的孔塞塞住。

确认所有实验桌环氧树脂台面是否以环氧树脂专用接合剂而非硅胶接合。为求美观档水背板与台面的接合可使用硅胶，接合后的台面应平整而不可高低不齐。

实验桌台面板应尽量保持其完整性，亦应尽量减少接合，且不可以纵向方式接合。

检查实验桌台面板靠外侧的边缘下方是否有止水沟。止水沟的加工方式有内凹式而非隆起式，止水沟宽度应不少于 2mm，深度不少于 3mm。

检查水、电、气及风管的位置和接口是否与设计有偏差，及时将信息反馈，进行沟通，确定最后解决方案。

将底柜按照图纸进行排列，同一实验台的所有柜子在安装位置将底柜的上沿调在同一水平面上。水平调整完毕后，要求底柜与底柜的缝隙距离不超过 1mm，接缝的上下误差不超过 0.5mm。如果需要将所有的底柜连成一体，必须在调完水平后进行连接，连接时必须要求接缝处均匀紧密，接缝之间的距离不超过 0.7mm，上下接缝误差大小不能超过 0.5mm。

柜子调完水平后，进行管道安装。

管道安装完毕后，将台面置于底柜上，台面与台面的接缝距离不能超过 2mm，接缝两头距离误差大小不能超过 0.5mm。检查台面是否弯曲变形，如果台面有细微的变形，在空隙处加入橡胶垫片，确保台面安装稳固。台面安装时，如果台面有保护膜，必须在安装完毕后、验收前才除去保护膜。

施工中还需要注意以下问题：不要把尖锐的金属、工具和同物质的东西放在台面上；在施工中，不要撕去台面保护膜；工作时如果人必须踩台面，必须做好台面及家具保护工作；产品、配件、工具应区分明确，严禁各种材料、配件、产品混在一起；场地随时保持整洁，严禁随地可见配件；余料、废料应分开堆放，明确标识，严禁混合堆放；现场严禁吸烟、进食，吸烟、进食必须在指定的地方。

实验室家具安装后的检验方式：

①安装现场巡检，安装完成后整体检验。检验标准包括安装现场管理条例、实验室平面图、单件立体效果图（图 2-123）。

②C 型架/型材框架安装检验：结构、尺寸符合图纸要求；结构紧凑，无松动、扭曲、变形现象；整齐、统一，摆放位置正确，表面无撞伤、划花现象；堵头安放正确，无扭曲、

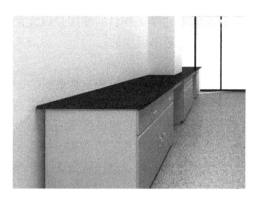

图 2-123　实验台

不平及倒装现象。

③柜体安装检验：柜体安装位置正确、紧固；柜身垂直、平正，允许垂直度误差在 0.5mm 以下；门板抽面缝隙均匀，允许误差在 0.5mm 以下；正面平整，无高低不平现象；所有可见面无撞伤、划痕现象；活动层板摆放整齐，门板抽屉开关顺畅；柜体内部清洁彻底，无残留灰尘和杂物。

④台面安装检验：安装正确、牢固；接缝平整、平直，无错位、错放现象；水平面允许有 0.3mm 以下的误差；开孔部位准确、美观，无喇叭形、锯齿形和崩缺现象；表面整洁，无划伤、划痕现象；

⑤试剂架安装检验：结构、位置符合图纸要求；立柱四边垂直，同一台架内须成直线，允许偏差在 1mm 以内；配件安装必须合理、紧固，无松动现象；玻璃、木制层板摆放正确，无晃动、不平、不直现象；整体上下层板间隔均匀，允许偏差在 1mm 以下。

⑥管线槽安装检验：安装位置正确，与图纸一致 (客户现场改动除外)；连接处平直，无错位现象；线槽盖安放平整、牢固，无扭曲变形现象；管线槽表面无碰伤、划伤现象。

⑦开关、电源插座检验：安装位置正确，与图纸一致；插座安装完整，无缺盖、缺角、缺边及表面划伤现象；不管横装还是竖装，都应是水平垂直安装，无歪斜现象；电源线头插入紧固，无松动、松脱现象。

⑧水槽安装检验：安装位置正确，符合图纸设计要求；安装紧固，无错位、松动、晃动现象；粘合紧密，无缝隙、无渗水漏水现象。

⑨水龙头安装检验：安装位置正确，符合图纸设计要求；安装紧固，无松动、摇晃、歪斜现象；表面整洁，无划伤、无伤痕；与水管接合紧密，无渗水漏水现象。

⑩门锁安装检验：安装位置正确，符合图纸设计要求；安装紧固，无松动、摇晃、歪斜现象；开启灵活、自如，无夹匙或打不开现象。

⑪滴水架、挡水板安装检验：安装位置正确，符合图纸设计要求；安装紧固，无松动、摇晃、歪斜现象；表面整洁，无划伤、无伤痕。

⑫玻璃胶填充：台面缝隙填充均匀一致，无深浅不一、大小不一现象；其他缝隙填充胶量适中，无溢出表面及弯曲现象。

⑬标签张贴检验：公司标签必须张贴在产品的右上角；标签张贴必须端正、牢固，无歪斜、卷曲现象。

第六节　其他工程

一、防水处理

1. 室内防水施工流程

基层处理→用美纹纸粘贴标高轮廓线→涂刷第一遍防水胶水→干燥后涂刷第二遍防水胶水→干燥→闭水试验。

2. 室内防水技术要求

卫生间防水层的基层应用 1：2 水泥砂浆抹平，并要有三遍以上的压光。

在抹平前，应对立管、套管和地漏与楼板节点之间进行密封处理。并应在管四周留出深 8～10mm 的沟槽，采用防水卷材或防水涂料裹住管口和地漏。

防水材料应有出厂合格证。进场后应再次抽样送检复试，待符合质量标准要求后方可使用。

在水泥砂浆找平层上铺涂防水卷材或防水涂料时，找平层表面应洁净、干燥，其含水率不应大于 9%，并应涂刷基层处理剂。基层处理剂应采用与卷材性能配套的材料或采用同类涂料的底子油。

卫生间的楼面结构层四周支承处除门窗外，应设置向上翻的混凝土边梁（即吊梁），其高度不应小于 200mm，宽度宜同墙宽。施工反梁时其轴线、位置应准确，以免混凝土反梁移位而进行打凿。

卫生间铺涂防水类涂料时，宜制定施工程序。在穿过楼板面管道四周处，防水材料应向上铺涂，并应超过套管的上口；在靠近墙面处，防水材料应向上铺涂，并应高出屋面 200～300mm，或按设计要求的高度铺涂。阴阳角和穿过楼板面管道的根部尚应增加铺涂防水材料。

铺设完毕后应做蓄水检验，蓄水深度不小于 30mm。经 24 小时以上蓄水无发现渗漏为合格，并做验收记录。

抹平层砂浆用水泥之标号不宜低于 325＃，并不得将不同品种或标号的水泥混合使用。

抹平层的水泥砂浆厚度宜为 15～20mm。铺抹时应压实，表面应提浆压光三遍，阴角均应做成圆弧。

卫生间的防水工程应编制施工方案或技术措施，在《单位工程施工组织设计》中有所体现。在施工之前应填写《防水工程施工报批表》，并获审批通过后方可进行施工。为保证卫生间墙面瓷砖能够粘结牢固不空鼓，应对有做防水层的墙面进行"毛化"处理。施工完成后应采取有力措施防止人为的破坏。

3. 室内防水施工工艺

（1）基层要求及处理 (图 2-124)

防水基层应按设计要求用 1：3 的水泥砂浆抹成 1/50 的泛水坡度，其表面要抹平压光，不允许有凹凸不平、松动和起砂掉灰等缺陷存在。排水口或地漏部位应低于整个防水层，以便排除积水。有套管的管道部位应高出基层表面 20mm 以上。阴阳角部位应做成半径 10mm 的小圆角，以便涂料施工。

图 2-124　防水基层处理

所有管件、卫生设备、地漏或排水口等必须安装牢固，接缝严密，收头圆滑，不得有任何松动现象。

施工时，防水基层应基本呈干燥状态，含水率小于 9% 为宜。其简单测定方法是将面积为 1m²，厚度为 1.5 ~ 2.1mm 的橡胶板覆盖在基层面上放置 2 ~ 3 小时，如覆盖的基层表面无水印，紧贴基层一侧的橡胶板又无凝结水印，根据经验说明其含水率已小于 9%，符合施工要求。

施工前，先以铲刀和扫帚将基层表面的突起物、砂浆疙瘩等异物铲除，并将尘土杂物彻底清扫干净。对阴阳角、管道根部、地漏和排水沟口等部位更应认真清理，如发现有油污、铁锈等，要用钢丝刷、砂纸和有机溶剂等将其彻底清除干净。

（2）涂布施工

小面积的涂布可用油漆刷蘸底胶在阴阳角、管子根部等复杂部位均匀涂布一遍，再用长把滚刷进行大面积涂布施工。涂胶要均匀，不得过厚或过薄，更不允许露底。一般涂布以 0.15 ~ 0.2kg/m² 为宜。底胶涂布后要干燥固化后 24 小时以上，才能进行下一道工序的施工。

（3）防水涂层施工

涂膜防水材料的配制：根据施工的需要，将聚氨酯甲、乙料按 1：1.5（重量比）的比例配合后，倒入拌料桶中，用转速为 100 ~ 500r/min 的电动搅拌器搅拌 5 分钟左右，即可使用。

第一度涂层施工：在底胶基本干燥固化后，用塑料或橡胶刮板均匀涂刮一层涂料，涂刮时要求均匀一致，不得过厚或过薄，涂刮厚度一般以 1.5mm 左右为宜（即涂布量 1.5kg/m² 为宜）。开始涂刮时，应根据施工面积的大小、形状和环境，统一考虑施工退路和涂刮顺序。

第二度涂层施工：在第一度涂层固化 24 小时后，再在其表面刮涂第二度涂层，涂刮方法同第一度涂层。为了确保防水工程质量，涂刮的方向必须与第一度的涂刮的方向垂直。重涂时间的间隔由施工时的环境温度和涂膜固化的程度（以手触不粘为准）来确定（图 2-125）。

（4）闭水试验

经过以上处理后，即可进行闭水试验。闭水实验也叫蓄水试验，要放满水，水要有

足够容积。蓄水试验的蓄水深度应不
小于 20mm，蓄水高度一般为 30～
100mm，蓄水时间为 24 小时，水面无
明显下降为合格。一般在屋面、卫生
间或有防水要求的房间做此试验。蓄
水试验的前期每 1 小时应到楼下检查
一次，后期每 2～3 小时到楼下检查
一次。若发现漏水情况，应立即停止
蓄水试验，重新进行防水层完善处理，
处理合格后再进行蓄水试验。

图 2-125　第二度涂层施工

（5）防水工程验收

所有的卫生间都必须进行逐个
验收。

防水层施工前的每一道工序（基层处理、孔洞清理及封堵、找平层施工、填塞密封油
膏、细部附加层等）完成，经监理工程师检查确认并做好检查记录后，方可进行下道工序
施工。

每一遍防水层涂刷完成，经监理工程师检查确认符合要求后，方可进行下一遍防水层
涂刷施工。

防水层涂刷完成干燥后，应对防水层质量进行认真检查和验收。检查内容包括防水层
是否满涂、厚度是否均匀，封闭是否严密，厚度是否达到设计要求，表面有无起鼓、开裂、
翘边等缺陷。

防水层必须进行闭水试验，试验时间不少于 24 小时。在楼板下方、管道周边及其他
墙边角处等部位不得出现渗水、湿润现象。经甲方及监理工程师共同检查验收合格并办理
隐蔽验收记录后，才能进入下一道工序防水保护层的施工。

卫生间在防水涂膜保护层施工完成后，应待水暖专业管道铺设完毕并经验收合格后，
方可进行垫层施工。工序交接过程中，设备与土建专业应密切配合。

卫生间地面面层完成后，应进行第二次闭水试验，闭水时间不少于 24 小时。其间观
察楼板下方、墙边角处、管道周边等部位无渗漏、无湿润现象为合格，同时填写闭水检查
记录并按程序进行防水施工验收。

二、门窗安装

1. 门窗的安装工工序

划线定位→钢门窗就位→钢门窗固定→五金配件安装（图 2-126、图 2-127）。

2. 作业条件

检查预留门窗洞口的质量是否符合设计要求，如有问题，应进行相应的处理。

门窗框和扇安装前应先检查型号、尺寸是符合要求，有无窜角、翘扭、劈裂，如有以
上情况应先进行修理。

木门窗框靠墙、靠地的一面应刷防腐涂料，其他各面及扇均应涂刷清油一道。刷油后
应通风干燥。

图 2-126　实验室门窗

图 2-127　微生物实验室门窗

　　刷好油的门窗应分类码放在存物架上，架子上面应垫平，且距地 20 ~ 30cm。码放时框与框、扇与扇之间应垫木板条通风。如在露天堆放时，需用苫布盖好，不准日晒雨淋。

　　安装外窗前应从上往下吊好垂直，找出窗框位置，上下不对应者应先进行处理。窗安装的高度应根据室内水平线返出窗安装的标高尺寸，按水平线进行控制。

门框的安装应符合图纸要求的型号及尺寸，并注意门扇的开启方向，以确定门框安装的裁口方向，安装高度应按室内水平线控制。

门窗框安装应在抹灰前进行，门扇和窗扇的安装宜在抹灰后进行。如必须先安装时，应注意对成品的保护，防止碰撞和污染。

检查门窗框料及附件是否按照要求进场，是否齐全。

检查门窗的规格、型号、颜色是否符合要求，是否有损坏或其他质量问题。

检查各种安装机具设备是否能正常运行，有问题及时解决排除故障。

按图纸尺寸弹好门窗位置线，根据弹好的标高线确定安装标高。

准备好安装用脚手架。

检查铝合金门窗四周连接铁脚位置与墙体预留孔洞位置是否吻合，若有问题应提前处理。

铝合金门窗拆包检查时，将窗框周围的包扎布拆去，按图纸要求核对型号，检查质量。如发现有劈棱、窜角和翘曲不平、严重超标、严重损伤、外观色差大等缺陷时，应找有关人员协商解决，经修整鉴定合格后才可安装。

认真检查铝合金门窗保护膜是否完整，如有破损，应补粘后再安装。

3. 金属门窗安装施工

（1）工艺流程

弹线找规矩→门窗洞口处理→门窗洞口内埋设连接铁件→金属门窗拆包检查→检查保护膜→按图纸编号运至安装地点→铝合金门窗安装→门窗口四周嵌缝、填保温材料→安装五金配件→安装门窗密封条→安装纱扇→清理（图 2-128）。

图 2-128 铝合金门窗

（2）铝合金门窗施工技术要求

铝合金门窗安装前，应先检查门窗的数量、品种、规格、开启方向、紧固件等符合设计要求后方可进行安装。

当为了保证外墙饰面砖尽量完整，需要改变洞口尺寸时，应先征得设计或建设（监理）的同意，方可进行改动。

门窗在工地堆放不应直接接触地面，下部应放置垫木且应立放，立放角度不应少于70°，并采取防倾倒措施。

安装过程中应及时清理铝合金门窗表面的水泥砂浆、密封膏等，以保护表面质量。

门窗及零附件质量均应符合现行国家标准、行业标准的规定，按设计图纸要求选用。不得使用不合格的产品。

铝合金门窗选用的零附件及固定件，除了不锈钢外，均应经防腐蚀处理。

铝合金门窗框安装入洞口应横平竖直，外框与洞口应采用弹性连接牢固，不得将门窗外框直接埋入墙体内。

铝合金制作装配时横向及竖向组合时，应采取套插，搭接形式曲面组合，搭接长度宜为 10mm，并用密封膏密封。

安装密封条时应留有伸缩余量，一般比门窗的装配边长 20 ~ 30mm，在转角处应斜面断开，并用胶粘剂粘贴牢固，以免产生收缩缝。

若铝合金门窗为明螺丝连接时，应用与门窗颜色相同的密封材料将其掩埋密封。

安装后的门窗必须有可靠的刚性，紧固件距角端为 150mm，中间间距不得大于500mm，不得钉在砖墙上。

门窗外框与墙体的缝隙填塞应按设计要求处理。若设计无要求时，应采用矿棉条或玻璃棉毡条分层填塞，缝隙外表留 5 ~ 8mm 深的槽口填嵌密封材料。

铝合金门窗关闭要严密，间隙基本均匀，扇与框搭接量要符合设计要求。

铝合金门窗的附件要齐全，安装位置要正确、牢固、灵活实用，达到各自功能，端正美观。铝合金的推拉（开启）力矩不得大于施工规范的规定。

门窗框与墙体间缝隙填塞要饱满密实，表面平整光滑。填塞材料、方法要符合设计要求。

门窗外观应洁净，无划痕碰伤，无锈蚀。涂胶表面光滑平整，厚度均匀和无气孔。

铝合门窗的制作与安装误差应控制在施工规范允许的范围内，实测合格率应在 90% 以上。

（3）操作工艺

弹线找规矩：在最高层找出门窗口边线，用大线坠将门窗口边线下引，并在每层门窗口处划线标记，对个别不直的口边应剔凿处理。高层建筑可用经纬仪找垂直线。门窗口的水平位置应以楼层水平标高线为准，往上反，量出窗下边沿标高，弹线找直。每层窗下边沿（若标高相同）应在同一水平线上。

墙厚方向的安装位置：根据设计图纸及窗台板的宽度，确定铝合金门窗在墙厚方向的安装位置。如外墙厚度有偏差时，原则上应以同一房间窗台板外露尺寸一致为准，窗台板应伸入铝合金窗的窗下 5mm 为宜。

安装金属窗披水：按设计要求将披水条固定在铝合金窗上，应保证安装位置正确、牢固。

防腐处理：门窗框两侧的防腐处理应按设计要求进行。如设计无要求时，可涂刷防腐材料,如橡胶型防腐涂料或聚丙烯树脂保护装饰膜,也可粘贴塑料薄膜进行保护,避免填缝水泥砂浆直接与铝合金门窗表面接触,产生电化学反应,腐蚀金属门窗。门窗安装时采用镀锌件或不锈钢件固定。

就位和临时固定:根据已放好的安装位置线安装,并将其吊正找直,无问题后方可用木楔临时固定。

金属门窗与墙体固定有三种方法:沿窗框外墙用电锤打 φ8 孔(深 60mm),并用膨胀型螺栓 φ6,打入孔中,拧紧;混凝土墙体也可用射钉枪将铁脚与墙体直接固定;预先安装副框,铁脚至窗角的距离不应大于 180mm,铁脚间距应小于 600mm。

处理门窗框与墙体缝隙:金属门窗固定好后,应及时处理门窗框与墙体缝隙。如设计未规定填塞材料品种时,应采用矿棉或玻璃棉毡分层填塞缝隙。外表面留 5 ~ 8cm 深槽口填嵌嵌缝膏,严禁用水泥砂浆填塞。在门窗框两侧进行防腐处理后,可填嵌设计指定的保温材料和密封材料。待金属窗和窗台板安装后,将窗框四周的缝隙同时填嵌,填嵌时用力不应过大,防止窗框受力后变形。

地弹簧座的安装:根据地簧安装位置剔洞,将地弹簧放入剔好的洞内,用水泥砂浆固定。地弹簧安装质量必须保证,地弹簧座的上皮一定与室内地平一致,地弹簧的转轴轴线一定要与门框横料的定位销轴心线一致。

金属门扇安装:门框扇的连接是用铝角码的固定方法,具体做法与门框安装相同。

安装五金配件:待浆活修理完,交活油刷完后方可安装门窗的五金配件,安装工艺要求详见产品说明书,要求安装牢固,开启关闭灵活。

(4)金属门窗主控项目

金属门窗的品种、类型、规格、性能、开启方向、安装位置、连接方式及铝合金门窗的型材壁厚应符合设计要求。金属门窗的防腐处理及嵌缝、密封处理应符合设计要求。

金属门窗必须安装牢固,并应开关灵活、关闭严密,无倒翘。推拉门窗扇必须有防脱落措施。

金属门窗配件的型号、规格、数量应符合设计要求,安装应牢固,位置应正确,功能应满足使用要求。

4. 木门窗施工技术要求

门框应采用双榫连接(图 2-129)。

制作胶合板门,边框和横楞必须在同一平面上,面层与边框及横楞应加压胶结。应在横楞和上、下冒头各钻两个以上的透气孔,以防受潮脱胶或起膨。

门窗表面应净光或砂磨,并不得有刨痕、毛刺和锤印。框、扇的线型应符合设计要求。割角、拼缝应严实平整。胶合板门扇不允许脱胶、刨透表层单板和戗槎。

木门窗制作的允许偏差应符合施

图 2-129 木门的双榫连接

工规范的规定。

门框安装前应校正规方、钉好斜拉条（不得少于两根），防止在运输和安装过程中变形。

门窗应按设计要求的水平标高和平面位置在砌墙中间进行安装。

在砖墙上安装门框时，应以钉子固定于砌在墙内的预制块的预埋木上，每边的固定点应不少于 3 处，且间距不大于 1m。

在砌筑砖墙预留门洞的同时，也应留出门框走头的缺口，在门框安装就位后再封砌缺口。

当门窗框的一面需镶贴面板时，门窗框应凸出墙面，凸出的厚度应等于抹灰层的厚度。

木门窗安装的留缝宽度和允许偏差应符合施工规范的规定。

门窗小五金应安装齐全、位置适宜、固定可靠。

合页距门上、下端宜取立梃高度的 1/10，并避开上、下冒头。安装后应开关灵活。

小五金均应用木螺丝固定，不得用钉子代替。应先用锤打入 1/3 深度，然后拧入，严禁打入全部深度。采用硬木时，应先钻 2/3 深度的孔，孔径为木螺丝直径的 0.9 倍。

不宜在中冒头与立梃的结合处安装门锁。

门拉手距地面以 0.9 ~ 1.05m 为宜。

门窗框与墙面及地面的接触处应涂刷防腐油二遍。涂刷应均匀、不漏刷、不流坠。

在打底之前，就应将门窗框安装固定好。有手推车经过易损坏的门框，应采用板车轮外胎剪成的橡胶块包裹门框而起到保护作用。

5. 塑料门窗安装

门窗采用的异型材、密封条等原材料应符合现行国家标准的有关规定。门窗产品应有出厂合格证。

门窗采用的紧固件、五金件、增强型钢及金属衬板等，应进行表面防腐处理。

紧固件、五金件的型号、规格和性能均应符合国家现行标准的有关规定，滑撑铰链不得使用铝合金材料。

固定片厚度应大于或等于 1.5mm，最小宽度应大于或等于 15mm。应采用冷轧钢板，表面应进行镀锌处理。

组合窗及连窗门的拼樘料采用与其内腔紧密吻合的增强型钢作为内衬，型钢两端应比拼樘料长出 10 ~ 15mm。

门窗与洞口密封用嵌缝膏应具有弹性和粘接性。

与聚氯乙烯型材直接接触的五金件、紧固件、密封条、玻璃垫块、嵌缝膏等材料其性能应与 PVC 塑料相容。

6. 门窗玻璃安装

玻璃的品种、规格和颜色应符合设计要求，质量应符合有关产品标准，并应有出厂合格证（图 2-130）。

（1）木门窗的玻璃安装

玻璃安装其尺寸应正确，表面要平整、牢固、无松动的现象。

木压条与裁口边缘要紧贴，且基本齐平，割角整齐，连接紧密，不露钉帽。

安装玻璃前，应将裁口内的污垢清理干净，并沿裁口的全长均匀涂抹 1 ~ 3mm 厚的底油灰。

安装长边大于 1.5m 或短边大于 1m 的玻璃，应用橡胶垫并用压条和螺钉镶嵌固定。

图 2-130　玻璃安装

安装木框、扇玻璃应用钉子固定，钉距不得大于 300mm，且每边不少于两个，并用油灰填实抹光。用木压条固定时，应先涂干性油，并不应将玻璃压得过紧，否则玻璃容易破裂。

（2）铝合金门窗的玻璃安装（图 2-131）

安装玻璃前应清除槽口内的灰浆、杂物等，并疏通排水孔，使其排水畅通。

图 2-131　玻璃安装效果

使用密封膏前，接缝处的玻璃、金属和塑料的表面必须清洁、干燥。

安装于竖框中的玻璃，应搁置在两块相同的定位垫块上，搁置点离玻璃的垂直边缘的距离宜为玻璃宽度的 1/4，且不宜小于 150mm。安装于扇中的玻璃，应按开启方向确定其定位垫块的位置。

玻璃安装就位后，其边缘不得和框、扇及其连接件相接触，所留间隙应符合国家有关标准的规定。

玻璃安装时所使用的各种材料，均不得影响泄水系统的通畅。

迎风面的玻璃镶入框内后，应立即用通长镶嵌条或垫片固定。

玻璃镶入框、扇内填塞填充材料、镶嵌条时，应使玻璃周边受力均匀。镶嵌条应和玻璃、玻璃槽口紧贴。

密封膏封贴缝口时，封贴的宽度和深度应符合设计要求，充填必须密实，外表应平整光洁。

玻璃垫块其长度宜为 80 ~ 150mm，厚度按框、扇（梃）与玻璃的间隙确定，边框上的垫块应采用胶加以固定。

7. 门窗安装质量要求及注意事项

门窗的外观、外形尺寸、装配质量、力学性能应符合国家现行标准的有关规定。五金配件应安装牢固正确。

门窗中竖框、中横框或拼膛料等主要受力杆件中的增强型钢，在产品说明中注明规格和尺寸。

门窗的抗风压、空气渗透、雨水渗透三项基本物理性能应符合规范规定。并要有"三抗"质量检测报告。

门窗不得有焊角开焊、型材断裂等损坏现象，并不得有下垂和翘曲变形。

当安装五金配件时，宜在其相应位置的型材内增设 3mm 厚的金属衬板，并不宜使用工艺木衬。

密封条装配后应均匀、牢固，接口应粘接严密，无脱槽现象。门窗表面不应有影响外观质量的缺陷。

框扇的平整度、直角度和翘曲度及装配间隙、五金配件安装位置及数量、门窗成品包装均应符合国家标准。

安装时将门窗搬到洞口旁竖放，当发现保护膜脱落时，应补贴，并在门窗框及洞口的上、下边划垂直中线。

安装固定片时应采用直径 3.2mm 的钻头钻孔，然后将十字槽盘头自攻螺钉 M4×20 拧入，并不得直接锤入。

固定片的位置应距门窗角、中竖框、中横框 150 ~ 200mm，固定片之间的间距应小于或等于 600mm。

门窗的固定：混凝土墙洞口采用射钉或塑料膨胀螺钉固定，砖墙洞口采用塑料膨胀螺钉或水泥钉固定。

门窗框与洞口之间的缝隙内应采用闭孔泡沫塑料、发泡聚苯乙烯等弹性材料分层填塞，填塞不宜过紧。

门窗的检验及方法（观察、尺量检查）：

①检查产品合格证书、性能检测报告、进场验收记录和复验报告。

②检查隐蔽工程验收记录。

③金属门窗框和副框的安装必须牢固。预埋件的数量、位置、埋设方式、与框的连接方式必须符合设计要求。

④金属门窗扇必须安装牢固，并应开关灵活、关闭严密，无倒翘。推拉门窗必须有防脱落措施。

⑤推拉门窗扇意外脱落容易造成安全方面的伤害，对高层建筑情况更为严重，故规定推拉门窗扇必须有防脱落措施。

⑥金属门窗配件的型号、规格、数量应符合设计要求，安装应牢固，位置应正确，功能应满足使用要求。

⑦金属门窗表面应洁净、平整、光滑、色泽一致，无锈蚀。大面应无划痕、碰伤。漆膜或保护层应连续。

⑧铝合金门窗推拉门窗扇开关力应不大于100N。

⑨金属门窗框与墙体之间的缝隙应填嵌饱满，并采用密封胶密封。密封胶表面应光滑、顺直，无裂纹。

⑩金属门窗扇橡胶密封条或毛毡密封条应安装完好，不脱槽。

玻璃安装容易出现的质量问题及预防措施（表2-10）：

玻璃安装容易出现的质量问题及预防措施 表2-10

质量通病	原因分析	预防措施
镜面玻璃腐蚀	固定玻璃时，采用了有腐蚀性的万能胶或玻璃胶； 镜子放在有腐蚀的环境中，但四周未密封	采用中性硅胶固定或将万能胶涂抹在镜子的基层板上； 放置有腐蚀环境中的镜子，四周应全部密封
镜子变形或翘角	基层变形； 与基层粘接不牢	基层材料采用不易变形的实心木板或夹板采用好的粘接材料，且使镜子与基层粘接牢固无松动，四周密封
接缝高低	基层不平； 粘接材料涂抹不均匀	基层必须经过验收合格后方可玻璃施工； 接缝处的粘接材料涂抹厚度应保持一致
未刨边，特殊玻璃未满足要求	施工考虑不周全	所有玻璃定做前，应根据施工规范及使用要求，确定玻璃是否刨边，车边特殊要求的玻璃，其间距要满足使用及安全要求

三、防腐蚀工程

1. 施工方法

（1）除锈

钢结构和管道表面喷砂处理（图2-132）：

喷砂施工前检查钢结构的钢管、工字钢、角钢、槽钢和工艺钢管表面是否光洁，表面是否有质量缺陷（如裂纹、麻点和砂眼）等。检查合格后方可进行表面喷砂处理。

喷砂所用空气压缩机运转要良好，排气阀、放气阀完好无损，电源线、配电箱要于空

图 2-132 防锈处理对比

气压缩机相配套，必须设有地线。空气压缩机产生的压缩空气要洁净不得有水分和油污，气罐内空气压力不于 7.0kg/cm³，喷砂时控制在 5 ~ 7.0kg/cm³。喷砂用磨料罐（砂罐）要合格。各类砂带、气带气管接头要牢固。

喷砂用磨料为石英砂，所用磨料要干燥、清洁，含水率不大于 1%，所用磨料粒径要在 0.5 ~ 2.5mm 之间，不得含有过多粉状物、油污和水分。石英砂储存在干燥、清洁、不潮湿的地方，不得与其他物品混杂。

钢结构和工艺管道表面喷砂时，以压缩空气为动力将磨料（石英砂）均匀喷射在金属表面，使砂粒带有冲击力对金属表面产生摩擦而去除表面氧化皮、铁锈、油污及附着物。喷砂时压缩空气压力不能过高，以免损坏金属表面，但也不能过低而使施工效率降低。枪嘴于基体表面呈 30 ~ 60° 夹角，距基体表面距离为 200 ~ 400mm。施工场地空气湿度不得大于 85%，不能在阴雨天气露天喷砂除锈作业。喷砂过程中由喷砂操作熟练的人员施工，从摆放好的钢结构和工艺管道一端均匀喷向另一端，使基体表面露出金属光泽，无油脂、污垢、氧化皮、铁锈等附着物，任何残留痕迹应仅是点状或条纹状的轻微色斑，即达到 Sa2.5 级。

喷砂完成的部分钢结构或工艺管道表面即时报请验收，验收合格后方可进行下道工序施工。对已喷砂处理完的基体表面应及时做防腐施工，间隔时间不超过 4 小时，不得过夜放置，以免返锈。

用于喷砂的压缩空气必须清洁和干燥，以免污染磨料。喷砂后表面要有一定的粗糙度，应达到 Rz40 ~ 80μm，以增大接触面积，增加附着力。

特殊部位处理：对设备的焊缝和边、角、棱、缝等结构部位，用风动砂轮机处理后再进行喷砂除锈。

（2）涂漆

底漆施工在喷砂场地采取辊涂方法施工，中间漆、面漆、防火涂料以及焊口在安装完成后进行防腐补口，后进行防腐面漆涂刷。

涂刷前检查底漆、中间漆、面漆有无出厂合格证书、生产日期及产品质量检测报告。

涂料涂刷时要设专业技术人员严格按照使用说明书配合比统一配制。

底漆、中间漆、面漆涂料配制时，要根据涂装面积大小适量配制，双组分涂料配制前搅拌均匀，配制完成的涂料在均匀搅拌并静置熟化后方可使用。

严格按照各种涂料使用说明书及建设、监理单位的要求进行施工。

精细完工：每次涂料涂刷完成后要全面检查涂刷质量，重点是边、角、缝、棱等结构部位，有缺陷的部位按要求进行认真修补，直到全部合格。

涂装时，严格按设计要求执行，施工过程中要常用干、湿膜测厚仪检测漆膜厚度，保证每层漆膜厚度达到设计要求。

下道涂装要待上道涂刷完成干燥24小时后再进行下道涂装，以防止漆膜出现起皱、橘皮等质量缺陷。

第一道防腐层涂刷完成验收合格，并办理隐蔽工程记录方可进行下第二道防腐层涂刷，之后防腐层涂刷同第一道。

钢结构、工艺管道全部防腐作业完工经整体验收合格后交付下一道工序施工。

（3）防火涂料涂装

施工前检查防火涂料有无出厂合格证书、生产日期及产品质量检测报告。

根据厂家提供的施工工艺设专业技术人员严格按照使用说明书配合比统一配制。

对喷砂除锈、两道环氧富锌漆和两道中间漆涂刷完成的钢结构表面进行防火涂料涂刷。防火涂料施工前要对基材表面作灰尘、油污等杂质清除，待检查合格后方可进行防火涂料的施工。

钢结构防火涂料在涂刷前要充分搅拌均匀后方可使用。防火涂料涂刷的遍数取决于防火涂料涂层的总厚度，涂料的间隔时间4小时。

防火涂料的施工环境宜在0～40℃，基材温度应在5～40℃，空气的相对湿度不大于90%，施工现场空气要流通，室外作业或构件表面结露时不宜施工。

防火涂料涂刷底层时为提高涂料与钢结构基材的粘接强度，应在涂底层的胶料里加入水性胶黏剂。根据说明书添加，涂层表面有明显的乳突、凹坑时要用抹子抹平以确保表面光洁。

钢结构防火涂料涂刷完成后按图纸要求在涂刷两道聚氨酯防腐面漆。

（4）保温管壳安装

用双股16#镀锌铁丝将管壳捆扎于管道之上，镀锌铁丝间的间距不大于400mm。

管壳纵向缝应错开，管道端部或有盲板部位，应敷保温层并密封。

水平管道纵向接缝位置，不得布置在垂中心线45°范围之内。

安装好第一层管壳后，即可按上述方法安装第二层管壳。上下层应压缝，其搭接长度大于50mm。

（5）安装镀锌铁皮

镀锌铁皮保护层纵缝应按保温层外径加上30～50mm接缝尺寸。

其轴向接缝采用插接，并用自攻螺丝固定。螺丝的布置间距为200mm。

管道金属护壳的环向搭缝，其一端用摇线机压出凸线(圆线)，另一端为直边，搭接尺寸为50mm。

搭接缝应布置成顺水，即环向搭口朝下，并与管道的坡度方向一致，弯头与直管段上金属护壳的搭接尺寸为70mm。

2．施工时注意事项

施工场地应有良好的通风和防雨、防露水设施。

工人员应佩戴必要的劳动防护用品，以免事故发生。

每层涂料涂刷后应加以保护，以免在以后的防腐施工时返工。

涂料涂刷用具要清洁，每次涂刷完后，各种工具必须清洗干净以备再用。

每道涂层施工前应对施工表面进行清扫，以保证被涂表面清洁干净。

防腐蚀涂料在贮存过程中，应注意防明火、防尘、防暴晒、防雨淋等。

防腐涂料涂刷完成后必须经过适当养护后再投入使用，使其形成坚固致密的涂层保护膜，在 25℃条件下一般为 7 天左右。

当防火涂料和防腐涂料出现硬化时禁止使用，刚涂刷完的构件应防止雨淋。

防火涂料涂刷后要用塑料布覆盖遮挡，以免强风直吹和阳光暴晒出现开裂。

防火涂料初期强度较低容易碰坏，因此防火涂料应在其他工序施工完成后进行，防止强烈震动和碰撞。

3. 质量标准、保证及验收

（1）质量控制要点

表面处理：喷砂除锈达到 Sa2.5 级，粗糙度达到 Rz40 ～ 80μm。

Sa2.5 级标准：钢材表面露出金属光泽，应无油脂、污垢、氧化皮、铁锈等附着物，任何残留痕迹应仅是点状或条纹状的轻微色斑。

Sa3 标准：钢材表面无可见的油脂、污垢，并且没有附着不牢的氧化皮、铁锈、油漆涂层等附着物，底材显露部分表面应具有金属光泽。

（2）钢结构的检验程序

施工单位质检员、监理单位专业工程师共同现场确认钢结构首件的除锈质量，质量符合图纸设计要求和现行规范要求。

（3）防腐涂层

进入现场的材料须符合设计及规范要求，且有材料出厂合格证。

外观检查：表面漆膜厚薄均匀、无流淌、流坠、针孔、起皱、空鼓、漏涂等现象。

各层防腐涂层的外观质量检查时，保证对底层有良好的遮盖力和附着力，气泡、开裂、剥落等缺陷绝对不允许存在。

涂层针孔是质量的隐患，施工时应对涂刷质量严格控制，涂层要均匀一致。

在防腐涂料施工过程中，应随时检查涂层涂装质量。

涂层表面应光滑平整，颜色一致，无气泡、凝块、流痕、脱落、漏涂、漏底和起皱等现象。

四、油漆工程

1. 油漆、涂料材料要求

油漆、涂料工程的等级和产品的品种应符合设计要求和现行国家有关标准的规定。

油漆、涂料进场应有产品质量证明文件，应使用行业推荐的产品和环保型产品。

油漆、涂料工程的基体或基层的含水率：混凝土和抹灰表面施涂溶剂型

油漆涂料时，含水率不得大于8%；施涂水性和乳液涂料时，含水率不得大于10%；木材制品含水率不得大于12%。

成品材料或半成品均应有品名、种类、颜色、制作时间、有效期和使用说明。

外墙涂料应使用具有耐碱和耐光性能的涂料，腻子的配合比应符合国家标准的规定。

2. 油漆施工注意事项

油漆、涂料干燥前，应防止雨淋、尘土玷污和热空气的侵袭。

油漆、涂料工程使用的腻子，应坚实牢固，不得粉化、起皮和裂纹。腻子干燥后应打

磨平整光滑，并清理干净。外墙、厨房、浴室及厕所等需要使用油漆、涂料的部位，应使用具有耐水性能的腻子。

油漆、涂料的工作黏度或稠度必须加以控制，使其在涂刷时不流坠、不显刷纹，施涂过程中不得任意稀释。

双组份或多组份油漆、涂料在施涂前，应按产品说明规定的配合比根据使用情况分批混合，并在规定的时间内用完。所有油漆、涂料在施涂前和施涂过程中均应充分搅拌。

建筑物中的木制品、金属构件和制品，如为工厂制作组装，其油漆宜在生产制作阶段进行，最后一遍油漆则在安装后进行；如为现场制作组装，组装前应先刷一遍底子油（干性油、防锈漆），安装后再刷面漆。

采用机械喷涂油漆时，应将不喷涂的部位遮盖，以防玷污。

外墙涂料工程分段进行时，应以分格缝、墙的阴角处或水落管等为分界线，同一墙面应用同一批号的涂料。

另外特别要注意：门窗扇油漆时，上冒头顶面和下冒头底面不得漏刷油漆。

油漆涂料正式施工前，应先做出样板间，验收一致通过后方可正式施工。

雨季装修应注意的问题：注意材料的防潮处理，工艺方面应谨慎处理。如油漆、墙衬等应注意：第二道工序必须在上一道工序的施工面完全干透后，才能进行；避免刷清油；注意防止雨水淋湿室内成品与半成品。

3. 施工工序

清扫→补缝隙→满刮腻子→磨平→刷底封闭→打磨→第一遍涂刷→第二遍涂刷→直至验收合格。

4. 油漆工程施工工艺

油漆必须选用优质漆品，施工时应清洁现场，尽量减少人员活动及有粉尘工序进行。

检查清理基层，可用400#砂纸轻轻打磨表面毛刺，用干净毛巾清洁，检查面板表面有无污迹、破损方能使用。

所有面板及线条均应在做了透明腻子及一遍底漆后方能使用。基材清洁后，上透明腻子，根据面板类型，可刷涂或直接刮涂，透明腻子刮涂2次。涂好4小时干后打磨，腻子以薄而均匀为好。

腻子打磨后，上透明底漆，透明底漆和特清透明底与固化剂、稀释剂的配合比为1：0.3：0.8～1。透明底漆使用前用200#滤网过滤后刷涂或喷涂，涂刷2次。涂好4小时干后用400#砂纸打磨光洁备用。

油漆涂刷前，应进行成品保护，将门合页、锁具、门边线边等易污染部分用纸胶带仔细粘贴，油漆饰面板上严禁堆放其他物品。油漆物品时成品地面应用纸板保护，防止油漆滴落在成品地面。

施工时，油漆与固化剂、稀释剂配合比例参照油漆施工说明。配漆后用200#以上滤网过滤，静置15分钟后使用。涂刷应薄而均匀，无流坠、针孔及漏刷部分。

填补钉眼，调出至少4色腻子后在样板试色并上面漆涂刷1遍，确定效果良好后使用（50cm远应不见明显钉眼）。填钉眼时，注意检查木作工序缺陷部分，加以处理。

采用喷涂工艺时，应清理现场，地面应少量喷水防尘，喷涂均匀。

5. 油漆工程验收标准

手感光滑，无颗粒感。

漆面饱和。

光泽合适（清面漆清亮、透明度高）。

无流坠、刷痕。

对其他工种无污染。

清漆基层无污染。

混油基层平整、光滑，无挡手感。

透底有色漆施工色彩、深浅均匀一致。

6. 油漆施工中的问题及处理方法

（1）油漆起泡

解决方法：首先将泡刺破，如有水冒出，即说明漆层底下或背后有潮气渗入，经太阳一晒，水分蒸发成蒸汽，就会把漆皮顶起成泡。此时，先用热风喷枪除去起泡的油漆，让木料自然干燥，然后刷上底漆，最后再在整个修补面上重新上漆。若泡中无水，就可能是木纹开裂，内有少量空气，经太阳一晒，空气膨胀，漆皮就鼓起了。面对这种情况，应先刮掉起泡的漆皮，再用树脂填料填平裂纹，重新上漆，或不用填料，在刮去漆皮后直接涂上微孔漆（图2-133）。

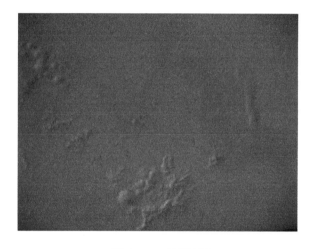

图 2-133　油漆起泡

（2）出现裂纹

解决方法：这种情况多半要用化学除漆剂或热风喷枪将漆除去后，再重新上漆。若断裂范围不大，这时可用砂磨块或干湿两用砂纸沾水，磨去断裂的油漆，在表面打磨光滑以后，抹上腻子，刷上底漆，再重新上漆（图2-134）。

（3）油漆流淌

解决方法：油漆一次刷得太厚，即会造成流淌。可趁漆尚未干，用刷子把漆刷开。若漆已开始变干，则要待其干透，用细纱纸把漆面打磨平滑，将表面刷干净，再用湿布擦净，然后重新上外层漆，注意不要刷得太厚。

（4）发霉变色

解决方法：这种问题多发生在潮湿的油漆表面，如水汽凝结在玻璃和金

属表面时常会产生棕黑色的污斑。此时

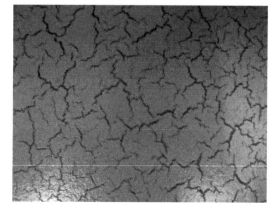

图 2-134　油漆裂纹

可用杀菌剂，按照说明书的指示处理发霉的部位，待霉菌杀死后，将表面清洗干净，然后再重新上漆。

（5）污斑

解决方法：油漆表面产生污斑的原因很多。例如乳胶漆中的水分溶化墙上的物质而锈出漆面，用钢丝绒擦过的墙面会产生锈斑，墙内暗管渗漏出现污斑等。为防止污斑，可先刷一层含铝粉的底漆。若已出现污斑，可先除去污斑处乳胶漆，刷层含铝粉的底漆后，再重新上漆（图2-135）。

（6）失去光泽

解决方法：原因是未上底漆，或底漆及内层漆未干就直接上有光漆，结果有光漆被木料吸收而失去光泽，有的光漆质量较差也是一个原因。应用干湿两用砂纸把旧漆磨掉，刷去打磨的灰尘，用干净湿布把表面擦净，待干透后，再重新刷上面漆。要特别注意的是，在气温很低的环境下涂漆，漆膜干后，也可能失去光泽。

图2-135　油漆污斑

（7）漆膜起皱

解决方法：通常是因第一遍漆未干即刷第二遍漆引起的。这时下层漆中的溶剂会影响上层漆膜，使其起皱。此情况可用化学除汞剂或加热法除去起皱的漆膜，重新上漆。需注意一定要等第一遍漆干后，才可上第二遍。

（8）漆面毛糙

解决方法：新上漆的表面毛糙，通常是所用的漆刷不干净或受周围环境污染之故。也有可能是油漆中混有漆皮，在使用前未经沉淀或过滤，或油漆未干时沾上了灰尘。为防止发生上述问题，必须采用干净的漆刷和漆桶。旧漆使用前一定要用油漆滤纸或干净的尼龙丝袜过滤（图2-136）。

图2-136　漆面毛糙

另外漆好的表面在油漆未干时要用罩子或硬纸板遮住，以防沾上灰尘。如果漆面毛糙，应待其干透后，用干湿两用砂纸打磨光滑、擦净后，再重新刷上油漆。要特别注意漆刷必须是干净的。

（9）油漆不干

解决方法：室内通风不好或温度太低，油漆就干得慢。这时可以打开所有门窗促进通风，或在室内放一台加热器增加室温。如仍不能解决问题，可能是上漆的表面油腻。此时可用化学除漆剂或加热除去油漆，彻底把表面擦净后重新上漆。

（10）油漆膜有不干、下垂的现象，并有砂粒状突起或小气泡的预防

首先，对物体表面应要处理平整光洁，清除表面油水等污物；同时，按竖向、横向、斜向、再竖向将涂漆理平，使漆厚一致；最后应及时进行成品漆面保护，防止污染。

7. 油漆工程容易出现的质量问题及预防措施（表2-11）

油漆工程容易出现的质量问题及预防措施　　　　表2-11

质量通病	原因分析	预防措施
刷痕严重	选用的漆刷过小或刷毛过硬或漆刷保管不好造成刷毛不齐； 涂料的黏度太高，而稀释剂的发挥速度又太快； 木制品刷涂中，没有顺木纹方向垂直操作； 被涂的饰面对涂料吸收能力过强使刷涂困难； 涂料中的填料吸油性大或涂料混进水分，使涂料流平性差	根据现场尽量采用较大的漆刷，漆刷必须柔软，刷毛平齐，不齐的漆刷不用，刷漆时用力均匀，动作应轻巧； 调整涂料施工黏度，选用配套的稀释剂应顺木纹方向进行施工，先用黏度低的涂料封底，然后再进行正常刷涂选用的涂料，应有很好的平流性，发挥速度适当； 若涂料中混入水，应用滤纸吸出后再处理，用水刷纸轻轻打磨平整，清理干净后，再补刷一遍涂料
交叉污染	施工未做成品保护或保护不到位； 质量检查不到位，不细心； 施工人员成品保护意识差，施工时马虎； 逆向施工（如门窗的铰链先安装，后上油漆）	施工前，将所有会产生交叉污染的部位均保护到位，且做到保护严密不遗漏； 质量员检查质量时，加强力度，仔细周到； 加强施工人员的成品保护意识，经常对他们的施工技术、质量意识进行培训； 按施工工序的先后顺序施工（如门窗等，应先油漆后上铰链）
钉眼明显	纹钉太大； 钉眼未描或描钉眼的腻子颜色与板面颜色一致	根据施工要求尽量选用较小规格的纹钉或尽量将纹钉使用在较为隐蔽处，纹钉必须顺木纹固定面漆施工前，必须采用与板面颜色一致的腻子描钉眼
泛白泛碱	基层潮湿	等基层干燥后才刷涂油漆
涂膜脱落	基层处理不当，表面有油垢、水汽、灰尘或化学药品等； 每遍涂膜太厚； 基层潮湿	基层面应清理干净，砂纸打磨后产生的灰尘也应清扫干净； 控制每遍漆膜的厚度； 使基层干燥后才刷乳胶漆
螺钉锈蚀	采用容易锈蚀的螺钉； 螺钉外露； 防锈漆没有将螺钉涂抹完	采用不生锈的不锈钢螺钉； 固定螺钉时，使每个螺钉均嵌入板内 0.5 ~ 0.7mm； 点防锈漆时，使每个螺钉均全部涂抹严实
漆膜太薄	油漆遍数不够	严格按施工规范及油漆使用说明刷涂涂料
收口不到位	施工不认真，仓促收尾； 质量检查不认真	加强对施工人员的质量意识培训教育，技术交底到位； 认真、全面、及时地对施工质量进行检查
企口不描缝	施工操作人员遗忘； 质量检查员忽视	把企口描缝作为一道工序的观念灌输给每个施工及检查人员，要求他们必须按设计及施工要求对饰面及踢脚板的企口描缝，同时加强检查力度

续表

质量通病	原因分析	预防措施
阴阳角不顺直	油漆工在阴阳角施工时，没有进行弹线控制	在每个阴阳角施工时，必须先拉线进行控制，同时用靠尺作辅助工具，保证阴阳角顺直
面层不平整	基层没找平； 基层已找平，但涂料刷涂不均匀	基层面施工后，用靠尺先仔细进行检查，保证基层平整后才刷涂料； 刷涂涂料时，均匀涂刷，不遗漏
线条不顺直、接缝高低、表面粗糙	基层不好； 线条的材料不好或特殊要求定做前没放样； 线条安装的质量差； 油漆工修边不仔细，敷衍了事	基层必须验收合格后方可进行线条安装； 特殊造型的线条，必须先放样后定做，材料进场，按放样的结果验收，不合格的剔除； 严格控制安装质量，达不到要求的坚决返工； 加强油漆工的质量意识培训，加强检查及奖罚制度

第七节　小　结

一、成品保护的一般原则

成品保护工作，是在施工过程中要对已完工分项工程进行保护，否则一旦造成损坏，将会增加修复工作，造成人工和材料浪费、工期拖延及经济损失。因此成品保护是施工管理的重要组织部分，是保证施工生产顺利进行的主要环节。成品保护措施有利于提高整体工程的看感质量和使用能效。

（1）成品保护的管理措施

良好而到位的成品保护，应采取以下措施：

工程开工前，成品保护小组应对需要进行成品保护的部位列出清单，并制订出成品保护的具体措施。

成品保护小组在施工组织设计阶段应对工程施工工艺流程提出明确要求。严格按顺序施工，先上后下，先湿后干，严格防止流水。地面装修完工后，各工种的高凳架子、台钳等工具原则上不许再进入房间。最后油漆及安装灯具时，梯子要包胶皮，操作人员及其他人员进楼必须穿软底鞋，完一间，锁一间。

上道工序与下道工序之间要办理交接手续，证明上道工序完成后方可进行下道工序。

楼层设专人负责成品保护。结构施工阶段安排2人巡检；安装阶段，每个楼层安排2人检查。各专业队伍必须设专人负责成品保护。

成品保护小组每周举行一次协调会，集中解决发现的问题，指导、督促开展成品保护工作，并协调好相互工作的成品、半成品保护工作。

加强成品保护教育，质量技术交底必须有成品保护的具体措施。

加强成品保护教育，包括公司所有员工和参建相关单位。

各专业交叉作业频繁阶段必须设专人负责保护成品。

对即将完成的实验室要及时封闭，由专人保管钥匙。

严格按顺序施工，防止交叉污染及成品损坏。地面完成后，各种工具原则上不准进入房间，如需进入，应有必要、有效的防护措施。

加强原材料、半成品、成品的保护工作。不锈钢板、铝合金条、玻璃等材料在运输过程中和存放时都要加以覆盖和特殊保护。

（2）成品保的工艺护措施

保护：提前保护，以防止成品可能发生的损伤和污染。对于进出口台阶可用砖或方术搭设方法来保护台阶，对于门口易发生碰撞部位，可以钉上防护条或槽型盖铁，门扇安装后可加楔固定等措施。

包裹：成品包裹，防止成品被损伤或污染，漆前用纸包裹；门窗用塑料布包扎；电气开关、插座、灯具等设备也要包裹，防止施工过程中被污染（图 2-137）。

图 2-137　成品保护包裹

采购物资的包装：防止物资在搬运、贮存至交付的过程中受影响而导致质量下降。采购单位在订货时应向供应商明确物资包装要求，包装及标志材料不能影响物资质量。对装箱包装的物资，应保持物资在箱内相对稳定，有装箱单和相应的技术文件，包装外部必须有明显的产品标识及防护（如防雨、易碎、倾倒、放置方向等）标志。

覆盖：对于楼地面、地漏、落水口、排水管等安装后可加以覆盖，以防止成品损伤和异物落入而被堵塞。其他需要防晒、保温养护的项目，也要采取适当的措施覆盖。特别是所有穿过地板及墙身的贯穿物均应盖好，以防止水渗入下一层，所有管道等也应受到同样保护（图 2-138）。

图 2-138　成品保护覆盖

封闭：对于楼梯地面工程，施工后可在楼梯口暂时封闭，待达到上人强度并采取保护措施后再开放。室内墙面、天棚、地面等房间内的装饰工程完成后，应立即锁门以进行保护，所有孔洞等设置栅栏板围好，以防止物品掉入下一层。

（3）重要环节的成品保护

①搬运

物资的采购、使用单位应对其搬运的物资进行保护，保证物资在搬运过程中不被损坏，并保护产品的标识。搬运考虑道路情况、搬运工具、搬运能力与天气情况等。对容易损坏、易燃、易爆、易变质的物资，以及业主有特殊要求的物资，指派人员制订专门的搬运措施，并明确搬运人员的职责。

②贮存

贮存物资要有明显标识，做到账、卡、物相符。对有追溯要求的物资（如钢材、水泥）应做到批号、试验单号、使用部位等清晰可查。必要时（如安全、承压、搬运方便等）应规定堆放高度等。对有环境（如温度、湿度、通风、清洁、采光、避光、防鼠、防虫等）要求的物资，仓库条件必须符合规定。

③PPR 管件和管材

PPR 管件和管材不应长期置于阳光下照射。为避免管子在储运时弯曲，堆放应平整，堆置高度不得大于 2m。搬运管材和管件时，应小心轻放，避免油污，严禁剧烈撞击、与尖锐触碰和抛、摔、拖。

埋暗管封蔽后，应在墙面明显位置注明暗设管的位置及走向，严禁在管上冲击或钉金属钉等尖锐物。

管道安装后不得作为拉攀、吊架等使用。

④灯具

灯具进入现场后应码放整齐、稳固，并要注意防潮。搬运时应轻拿轻放，以免碰坏表面的镀锌层、油漆及玻璃罩。安装灯具时不要碰坏建筑物的门窗及墙面。灯具安装完毕后不得再次喷浆，以防器具污染。

⑤楼地面

要求养护的楼地面应保证有足够的养护期，由专人养护，达到设计强度后方可上人。对已装饰完毕的地面面层，采用塑料薄膜和柔性材料进行覆盖保护，以防表面被划伤。

地面完成后要加以覆盖，防止色浆、油灰、油漆等的污染，同时设置防护设施，防止磨、砸等造成缺陷。

在已完工的地面上进行油漆、电气、暖卫等专业施工时，注意不要碰坏地面面层，油漆、刷浆不要污染地面。

交叉作业施工时，严禁高空抛、坠物体，对楼地面造成破坏。

工作期间对关键节点的成品进行看护，重要成品的 24 小时专人看护。

⑥排水管道

在对水管的施工改造中，一定要防止下水道堵塞。要在施工前对下水口、地漏做好封闭保护，防止水泥、砂石等杂物进入。

管道安装完成后，应将所有管口封闭严密，防止杂物进入，造成管道堵塞。

安装完成的塑料管道应加强保护，尤其立管距地 2m 以下时，应用木板捆绑保护。

严禁利用塑料管道作为脚手架的支点或安全带的拉点、吊顶的吊点，不允许明火烘烤塑料管，以防管道变形。

立管安装后应立即采取保护措施，将管道用纸或塑料布包裹，以免污染管道。

预留管口的临时丝堵不得随意打开，以防掉进杂物造成管道堵塞。

⑦开关插座

安装开关、插座时不得碰坏墙面，要保持墙面的清洁。

开关、插座安装完毕后，不得再次进行喷浆，以保持面板的清洁。

其他工种在施工时，不要碰坏和碰歪开关、插座。

⑧管道

预制好的管道要码放整齐，垫平、垫牢、不得用脚踩或物压，也不得双层平放。

不允许在安装好的托、吊管道上搭设架子或拴吊物品。竖井内管道在每层楼板处要做型钢支架固定。

在回填土时，对已铺设好的管道上部要先用细土覆盖，并逐层夯实，不得在管道上机械夯土。

冬季施工捻灰口必须采取防冻措施。

二、施工注意事项

1. 水路

实验室的用水一般包括普通自来水、蒸馏水（即三蒸水）、超纯水（即离子水）。上水的施工要考虑的是安全、科学和适用。走上水时，要根据具体实验来选择材料，即上水管和接头。还要考虑水电的分离、水管周围的环境、水路的走向等等。

实验室的下水一般比较复杂，需要根据实验室的具体情况，满足规范要求。实验室的下水大体上可分为污染水和低污染水。低污染水一般指设备的冷凝循环水和洗涤容器的废水等。污染水的范围较广，一般包括腐蚀性的水（如酸、碱腐蚀水）、有机物腐蚀水、无机物污染水和重金属污染水等。

2. 电路

实验室的用电是一项很重要的问题，包括弱电、照明电、安全电和实验设备用电。其中实验室仪器设备用电为重点，因为实验室的仪器设备特别是一些精密仪器，是通过电流的微变化来控制数据的变化的。实验室仪器设备用电所要解决的问题就是，控制和降低电流的变化浮动、减少或稳定谐波的变化数值、减少或降低磁场的干扰等等。如设备用电出现问题，严重的会造成事故，一般的会造成仪器的损害、实验的数据不准确或不稳定、仪器的使用寿命减低等等。

3. 排送风

实验室的排风主要是解决实验人员的安全和实验室环境的需要。实验室的排送风主要考虑什么环境需要正压、负压或恒压。具体的配置要看实验室的具体性质，进而安排正负压的大小。实验室的排送风，不像普通的办公换风。它的风路和引导气体走向有很严格的要求，解决不好就会产生气体回流、气体排不出去，或排风量很大、实验室内气味仍然存在，达不到换风的效果。实验室的具体性质不同，所要求的正负压不同，风量和换风次数也不同。实验室的具体性质不同，所要达到的相对换风和绝对换风也有很大的差异。

4. 装修材料

实验室的装修材料选择也很重要，要根据不同的实验性质，来选择不同的材料去适应实验室特殊的环境。如腐蚀性要看是酸性、碱性，还是有机物的。当然还要考虑实验室的高温和低温环境。有些实验区域可能还需考虑材料的变形、老化、阻燃、辐射等情况。

5. 管道

搬运和安装管道时应避免碰到尖锐物体，以防管道破损。

管道安装过程中，应防止油漆等有机污染物与管材、管件接触。

安装与金属管连接的带金属嵌件的专用管件时，不要用力过猛，以免损伤丝扣配件，造成连接处渗漏。

管材和管件加热时，应防止加热过度使厚度变薄，导致管材在管配件内变形。

在热熔插管和校正时，严禁旋转。

操作现场不得有明火，严禁对管材用明火烘弯。

安装中断或完毕的敞口处，一定要临时封闭好，以免杂物进入。

6. 施工管理

设备安装调试前均要邀请设备供货厂家技术人员和甲方相关人员共同商讨安装、调试方案。安装调试工作进行时一定要按照甲方及设备厂家已经认可的方案施工。

设备调试要填制内容完善的设备调试表格，并将调试中出现的问题及其原因分析、解决办法具体记录，以备甲方运行操作人员参考。

报竣工后，要积极地配合甲方相关人员做好设备交接工作。交接工作要全面、清晰、完善。交接时，要协助设备生产厂家做好甲方交接人员的交底工作，以利于甲方交接人员更好地了解设备。其中重要的是系统的操作特性、操作规程、调节方法等。

和甲方相关人员一起对甲方日常运行人员入行岗位培训。

和设计人员、甲方运行人员一起做好空调设备盘管、集水盘管冬季防冻措施的制定、实施，确保空调设备冬季的安全、正常运行。

要定期进行质量回访，记录甲方对整个工程的意见，以利于公司进一步改进施工方法和加强施工管理。

三、安全保证措施

施工人员进入施工现场前，必须要进行施工安全、消防知识的教育和考核工作。考核不合格的职工，禁止进入施工现场参加施工。

严格执行操作规程，不得违章指挥和违章作业，对违章作业的指令有权拒绝并有责任制止他人违章作业。

施工作业时必须正确穿戴个人防护用品，进入施工现场必须戴安全帽。不许私自用火，严禁酒后操作。

施工现场禁止穿拖鞋、高跟鞋、赤脚及其他易滑带钉的鞋和赤膊操作。穿硬底鞋不得进行登高作业。

现场用电，一定要有专人管理。同时设专用配电箱，严禁乱接乱拉。采取用电挂牌制度，尤其杜绝违章作业，防止人身、线路、设备事故的发生。

工地施工照明用电，必须使用36V以下安全电压。所有电器机具在不使用时，必须随时切断电源，防止烧坏设备。

在用喷灯、电焊机以及必须生火的地方，要填写用火申请登记和设专人看管，随带消防器材等，保证消防措施的落实。施焊时，特别注意检查下方有无易燃物，并做好相应的防护，用完后要检查，确认无火后再离开。

未经安全教育培训合格不得上岗，非操作者严禁进入危险区域。特种作业必须持特种作业资格证上岗。

凡 2m 以上的高处、悬崖、陡坡施工作业，如无安全设施，必须系好安全带。安全带必须先挂牢后再作业。

高处作业材料和工具等物件不得上抛下掷。

电动机械设备，必须有漏电保护装置和可靠保护接零，方可启动使用。

未经有关人员批准，不得随意拆除安全设施和安全装置。因作业需要拆除的，作业完毕后，必须立即恢复。

经常配齐、保养消防器材，做到会保养，会使用。认真贯彻逐级消防责任制，做好消防工作。

夜间施工灯光要充足，不准把灯具挂在竖起的钢筋上或其他金属构件上，导线应架空。

施工现场脚手架、防护设施、安全标志、警告牌、脚手架连接铅丝或连接件不得擅自拆除，需要拆除必须经施工负责人同意（图 2-139 ~ 图 2-141）。

图 2-139　施工安全护栏

图 2-140　施工安全隔离栏

图 2-141　警示标志

脚手板两端间要扎牢，防止空头板（竹脚手片应四点绑扎）。

严禁钢竹脚手架混搭。

174

任何人禁止爬脚手架等，施工人员上下要通过楼梯、施工斜道等。

从事高处作业的人员，必须身体健康并要定期体检。严禁患有高血压、贫血症、心脏病、精神病、深度近视等人员从事高处作业。

高处作业的人员不要用力过猛，防止失去平衡而坠落。在平台等处拆木模，撬棒要朝里，不要向外。在平台、屋沿口操作时，面部要朝外。

工具物件用好后随时装入工具袋或放稳固。脚手架上霜、雪、垃圾等要及时清扫。

建筑材料和构件堆放要整齐稳妥，不要过高。脚手架上堆放标准砖不得超过单行侧放三层高。

拆下的脚手架、钢模板轧头或木模、支撑及时整理，铁钉要及时拔除。

严禁不懂电气的人擅自操作，严禁乱拉接电线、拖地、浸水等，禁止不用插头而用电线直接插入插座口。

如有人触电，立即切断电源，进行急救。电气着火，应立即将有关电源切断，使用干粉灭火器灭火。

工地内禁止使用电炉，禁止用灯泡、碘钨灯烘衣服或明火取暖等。

木工间的木屑、刨花要随时清理。严禁在易燃、易爆、仓库和操作场所附近吸烟休息。

挖基槽时注意防止塌方，堆土离基槽边 1m 以外，并且高度不得超过 1.5m。

从砖垛上取砖应由上而下阶梯式拿取，禁止码拆到底或在下面掏取。

手推车装运手料时，应注意平稳，掌握重心，不得猛跑或撒把溜放。

操作人员不准站立在砂浆搅拌机铁栅里面操作。

特殊工种（电工、焊工、架子工、起重机、指挥人员等）必须经有关部门专业培训考试合格发给操作证，方准独立操作。

拆除脚手架等应设围栏及警戒标志，并设专人看管，禁止无关人员入内。拆除顺序由上而下，一步一清，不准上、下同时作业。

对违章指挥，强令冒险作业，工人有权拒绝执行。

装修施工期间的安全问题，还要注意防盗、防火、防水、防危这几项：

①防盗

在装修期间，尤其是室内的窗户、防盗网等没有做好之前，应注意防盗。另外，在装修工场也必须防内贼偷工具和工场内物资，特别是包工不包料的业主或者管理方更要注意防范。

②防火

禁止在工场内生火、吸烟。应在明显处张贴"禁止烟火"警告牌。

不得在无绝缘管保护下乱拉电线，临时接线应尽量远离易燃装修材料。

必须在工场内做饭的，一定要在指定的范围内进行，该区域应是没有火患危险的。

必须绝对禁止在室内生火取暖。任何时候都要保持室内通风。

严格执行用火申请管理制度。

③防水

建议装修材料在堆放时垫高 20～30cm，使其与地面脱离。

小心用水，特别是在排水系统没有做好之前应更加注意。

离开工场时，检查水龙头是否关紧。

定期清理排水孔，以免堵塞造成淹水事故。

铺设实木地板或复合地板的，应注意临近区域的防水问题。

没有人员值班时，应关紧窗户。如果处于通风期，应尽量避开台风季节。

④防危

装修材料放置妥当，尖角物品要适当预保护，防止碰撞受伤。

小金属配件要放置妥当，尤其是钉子。废置木板上钉有钉子的，要及时打弯压平。

高空作业要做好安全措施，配备足够的高空作业装备。

稳固天花板工程、安装灯具等，一定要打好膨胀螺丝，可多打一些以防万一。

应由受过正式训练的人员操作各种施工机械并采取必要的安全措施。尤其要注意电锯、高压射钉枪等机械的安全使用。

⑤防电

电线排座不宜在地上乱放，更不宜在其上面碾压。

电线管道禁止在积水中通过，以免发生漏电时造成人身伤害。

电线管道表层如有破损的，应及时更换。

电源箱要安装必要的接地线和漏电保护开关。

电工项目应由受过正式训练的电工负责。

⑥防化

小心放置各种化工材料，并采取一定的隔断措施。

施工时，不应大面积施工，应限定一定的范围。以免空气中含有大量有毒物质而造成中毒、爆炸等意外。

调试油漆、油漆施工等都应保持室内通风。

使用化工材料，要带好胶手套等保护措施。

对于不明物体或者材料，切记不要乱拿乱碰。

严禁在没有专业人员的指导下擅自调配化工原料。

对于强酸、强碱、强挥发性材料要加强安全防护。

第三章 实验室验收

根据施工建设进度，按照工程的进展阶段，对每一节点或关键步骤进行检查验收，确保工程施工的过程质量，确保工程是在严格的质量监控下逐步实施并达到最终的工程总质量目标。

一、验收流程

待验收项目了解→验收标准收集→验收记录表准备→实施验收→验收证据收集及评价→验收结论→验收报告。

二、验收标准

筹建工程师在充分了解实验室建设项目后，收集相应的验收标准，包括但不限于实验室建设的法律法规（如《科学实验室建筑设计规范》JGJ 91）、施工验收有关的法律法规（如《通风与空调工程施工质量验收规范》GB 50243）、实验室认可及资质认定的规范、实验室拟开展项目检测标准对设施环境的要求、客户要求等。

三、分项验收

施工各环节验收的分项目包括但不限于：与设计要求的一致性验收、实验室空调系统的效果验收、通风系统验收（是否完全按要求布置到位、相互干扰或混在一起会发生危险的是否分开、通风效果等）、材料验收（部分可能影响实验室使用功能的材料的再确认）、用电配置验收（配电总功率，照明、设备、空调、应急等是否分开，设备接地，相应区域按使用要求设计相应电源接口（380V、220V等），各房间根据预期需要适当预留插孔等）、给排水验收（给排水管的敷设是否规范、有无潜在风险，根据给水的规格确认给水管材质是否符合要求、根据所排水成分判定是否需要废液处理措施）、通风设备功能验收（通风柜面风速、风量确认，通风管道风速确认，换气频率确认，通风系统噪声确认）、特殊实验室要求满足情况（如恒温恒湿房的温湿度控制精度及其稳定性、微生物的无菌室的洁净度要求）等。

下面以一家化学实验室为例，展示从实验室规划布局到验收过程的相关材料（图3-1 ~ 图3-11、表3-1）。工程竣工后对工程进行验收，对于不满意的地方进行整改，直到满意、合格。并做工程的验收报告，见表3-2（验收情况记录部分）。

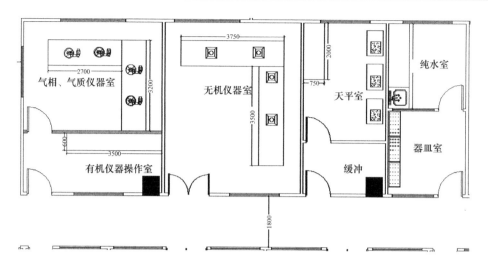

图 3-1 实验室设计说明图

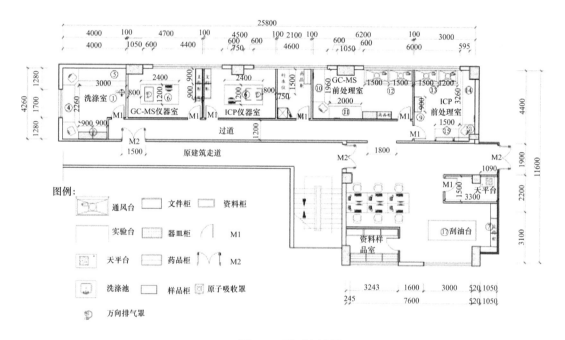

图 3-2 平面布置图

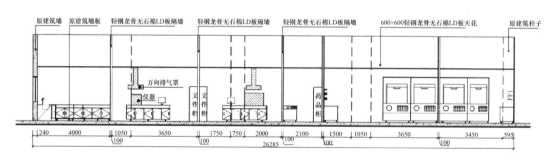

图 3-3 实验室剖面图

实验室家具清单：

序号	名称	规格尺寸	数量	备注	序号	名称	规格尺寸	数量	备注
1	紧急洗眼器		1台	台雄，落地式	11	边台	2300×750×850	2台	带滴水架
2	器皿柜	900×450×1800	3台		12	通风柜	1500×850×2350	2台	玻璃钢结构，带水
3	转角台	1000×1000×850	4台		13	通风柜	1200×850×2350	2台	玻璃钢结构，带水
4	边台	2260×750×850	1台	带水	14	边台	3260×750×850	1台	带水，带滴水架
5	边台	3000×750×850	1台	带水	15	边台	1500×750×850	1台	
6	中央台	2400×1200×850	2台	共带2套万向排气罩	16	试剂架	22400×250×700	1台	钢玻璃结构
7	文件柜	900×450×1800	10台	铝木结构	17	天平台	900×600×850	1台	万分之一级
8	仪器台	1500×750×850	1台		18	刮油台	3000×1200×850	1台	
9	药品柜	900×450×1800	3台	铝木结构	19	样品柜	1000×550×180	3个	
10	边台	1960×750×850	1台	带水，带滴水架	20	门1	800×2100	8樘	
					21	门2	1500×2100	3樘	原有

图例	▭	▨	⬭	⬜	▭	▭	◨◨	▨
规格	L1000×750×850	L1000×750×850	L1000×1500×850	L1000×1000×850	L1000×600×850	L1500×800×2350	L900×750×850	L900×600×850
名称	边台	高温台	中央台	角柜	不锈钢边台	通风柜	洗涤池	天平台

⊠	⚙	◺	▥	▭	▦	⧅	⧄	⩗	▭
400×400×1200	三节	内径600×600×600	1500×800×2350	1050×690×1500	900×450×1800	900×450×1800	900×450×1800	900×450×1800	900×450×1800
原子吸收罩	万像排气罩	传递窗	生物安全柜	超净工作台	器皿柜	药品柜	试剂柜	样品柜	气瓶柜 货架

图 3-4　家具清单

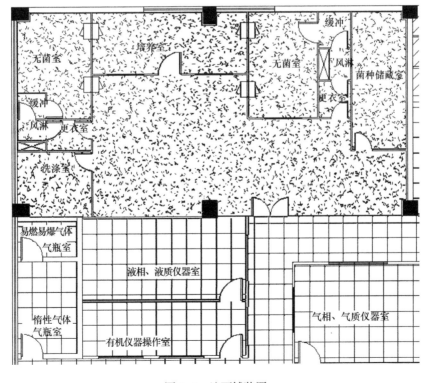

图 3-5　地面铺装图

图 3-6　天花布置图

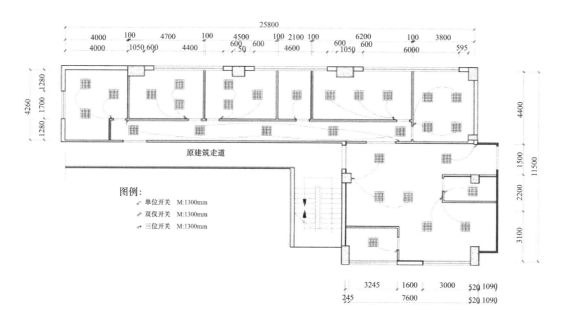

图 3-7　灯位连接图

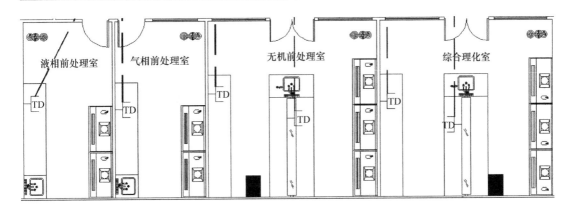

图 3-8 电气点位图

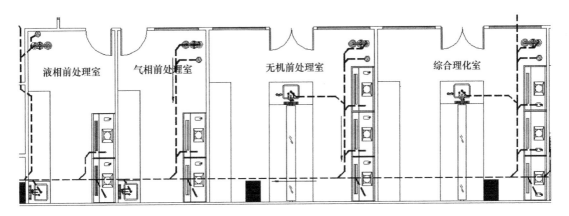

图 3-9 给排水点位图

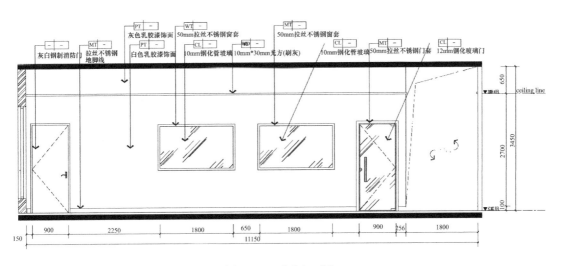

图 3-10 过道立面图

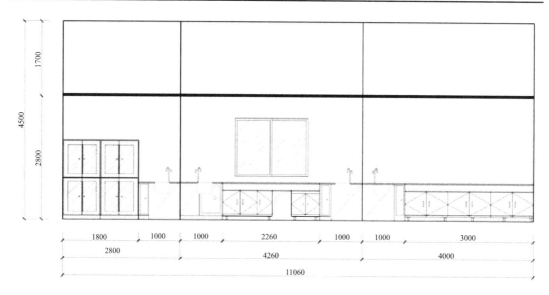

图 3-11 洗涤室展开立面图

实验室设计装修工程的要求

表 3-1

序号	名称	型号规格	配置与性能说明	单位	数量	备注
一、装修工程						
1	14# 轻质砖墙		双面批荡，14# 轻质砖墙，高度 =3.6m	m²	79.2	32.5 水泥、黄沙、14# 轻质砖
2	玻璃隔断		100cm 铝合金边框、12 厘钢化单玻璃	m²	245.8	详见样品
3	墙面乳胶漆		腻子底涂 + 乳胶漆三遍	m²	305.5	多乐士"家乐居"、"美时丽"、立邦或同档次产品
4	不锈钢单开门	900mm × 2100mm	定制，含不锈钢门套、GMT、顶固、汇泰龙等品牌地弹簧及配件	樘	3.0	详见样品
5	不锈钢双开门	1200 mm × 2100mm	定制，含不锈钢门套、GMT、顶固、汇泰龙等品牌地弹簧及配件	樘	6.0	详见样品
6	地脚线		不锈钢	m	90.0	
7	PVC 地胶	2.0mm 厚卷材			200.0	进口 LG
8	铝扣板吊顶	600mm × 600mm		m²	600.0	品格、顶上等同档次产品
9	铝板吊顶龙骨		Φ8 吊筋、轻钢龙骨、三角龙骨、边龙骨	m²	182.0	详见样品
二、工作台柜工程						
1	ICP 机柜台	3000mm × 800mm × 850mm	全钢结构，威盛亚12.7mm 厚实芯理化板台面	件	1.0	详见样品

续表

序号	名称	型号规格	配置与性能说明	单位	数量	备注
2	GC-MS 实验台	2000mm×800mm×850mm	全钢结构，威盛亚12.7mm厚实芯理化板台面	件	1.0	详见样品
3	高温台	1000mm×800mm×850mm	冷轧钢框架，台面为人造大理石板	套	1.0	详见样品
4	天平台	1600mm×800mm×850mm	冷轧钢框架，台面为人造大理石板，做减震处理	件	1.0	详见样品
5	通风柜	1300mm×800mm×850mm/1500mm×800mm×850mm	全钢结构，威盛亚12.7mm厚实芯理化板台面	件	2.0	详见样品
6	中央实验台	2200mm×750mm×850mm	全钢结构，威盛亚12.7mm厚实芯理化板	件	2.0	详见样品
7	边台	1550mm×750mm×850mm	全钢结构，威盛亚12.7mm厚实芯理化板	件	1.0	详见样品
三、空调及电气安装工程						
1	1200mm×300mm×2mm不锈钢反光灯箱		飞利浦灯管	套	13.0	
2	13A 插座及空调开关、电灯开关			套	25.0	
3	电线、电路、附材及电气接驳调试		含抽排气电气控制系统	项	1.0	
4	挂墙分体机	1匹	制冷量 2.2kW	台	1.0	格力
5	天花机	2匹	制冷量 5.0kW	台	6.0	格力
6	挂墙分体机	1.5匹	制冷量 3.0kW	台	1.0	格力
7	空调机铜管系统(含安装)			项	1.0	南海
8	空调风管、风口、排水及电气部分			项	1.0	武钢、胜博、金环宇
9	消防烟感报警控头		含连接网线模块	个	2.0	
四、工业抽排气净化排放工程						
1	抽酸通风橱	1300mm×800mm×850mm/1500mm×800mm×850mm		套	2.0	8-10TPP 板材料制作
2	防酸抽气机	P352		台	1.0	意大利 BLOMEC
3	PP 板循环洒水净化空气中和塔系统	Φ650×3250（H）	含水泵、自动加水装置、控制箱等	套	1.0	6mmPP 板材料制作

续表

序号	名称	型号规格	配置与性能说明	单位	数量	备注
4	PP板防酸水箱（中和排水用）			套	1.0	10TPP板材料制作
5	防酸抽排气管道系统连接安装		由一层通风柜接至屋顶中和塔系统	套	1.0	灰色耐酸PVC管（南亚）
6	通风橱防酸排水管道系统			项	1.0	PPR
7	ICP机房抽排气系统安装		含抽气机、镀锌排气管道、抽气罩及电动风阀	套	1.0	正野风机，BELIMO电动风阀驱动器
8	GC-MS机房抽排气系统安装		含抽气机、镀锌排气管道、万象抽气罩及电动风阀	套	1.0	正野风机，BELIMO电动风阀驱动器
9	GC-MS前处理室抽排气管道系统安装		含强力抽气机、活性炭过滤箱、镀锌抽气管道等	套	1.0	
10	自来水给排水系统			项	1.0	南亚
11	室外新风抽入系统安装（含箱式新风机、风管、风口）		新风管道采用镀锌钢板制作，由室外引入新风，再用管道送至室内各台空调机，各台空调机处带调节阀可调节新风量大小	套	1.0	

实验装修工程验收记录

表3-2

序号	名称	验收状况	异常情况描述	异常图片	解决方法
一、装修工程					
1	14#轻质砖墙	不合格	办公室墙面腻子粉粉刷不均匀		返工
2	玻璃隔断	合格			

序号	名称	验收状况	异常情况描述	异常图片	解决方法
3	墙面乳胶漆	不合格	墙面粉刷不平整		返工
4	不锈钢单开门	合格			
5	不锈钢双开门	合格			
6	地脚线	合格			
7	PVC 地胶				
8	铝扣板吊顶	不合格	有机仪器房吊顶铝扣板安装不平整	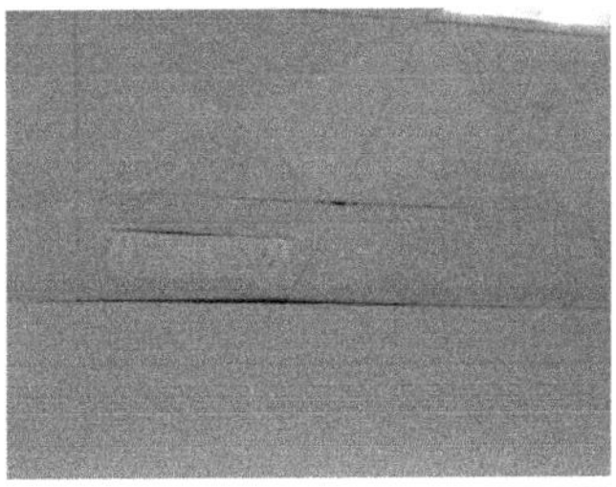	重新安装
9	铝板吊顶龙骨				

二、工作台柜工程

1	ICP 机柜台	合格			
2	GC–MS 实验台	合格			
3	高温台	合格			
4	天平台	合格			
5	通风柜	合格			
6	中央实验台	合格			
7	边台	合格			

三、空调及电气安装工程

1	1200mm × 300mm×2 不锈钢反光灯箱	合格			
2	13A 插座及空调开关、电灯开关	不合格	开关安装不整齐		

续表

序号	名称	验收状况	异常情况描述	异常图片	解决方法
3	电线、电路、附材及电气接驳调试	不合格	大门附近电线明敷		重新敷设
4	挂墙分体机	合格			
5	天花机	合格			
6	挂墙分体机	合格			
7	空调机铜管系统（含安装）	合格			
8	空调风管、风口、排水及电气部分	合格			
9	消防烟感报警控头	合格			

四、工业抽排气净化排放工程

序号	名称	验收状况	异常情况描述	异常图片	解决方法
1	抽酸通风橱	合格			
2	防酸抽气机	合格			
3	循环洒水净化空气中和塔系统	不合格	支架设在弯管处；风机和管道之间无软管连接		返工，按要求安装
4	防酸水箱（中和排水用）	合格			
5	防酸抽排气管道系统连接安装	合格			
6	通风橱防酸排水管道系统	合格			
7	ICP机房抽排气系统安装	合格			
8	GC-MS机房抽排气系统安装	合格			
9	GC-MS前处理室抽排气管道系统安装	合格			

序号	名称	验收状况	异常情况描述	异常图片	解决方法
10	自来水给排水系统	合格			
11	室外新风抽入系统安装（含箱式新风机、风管、风口）	合格			

参考文献

［1］《实验室生物安全通用要求》GB 19489
［2］《建筑装饰装修工程质量验收规范》GB 50210
［3］《建筑内部装修设计防火规范》GB 50222
［4］《通风与空调工程施工质量验收规范》GB 50243
［5］《建筑电气工程施工质量验收规范》GB 50303
［6］《生物安全实验室建筑技术规范》GB 50346
［7］《科学实验室建筑设计规范》JGJ 91
［8］丁士昭，逄集展．机电工程管理与实务［M］．中国建筑工业出版社，2016．